改訂新版

ゼロからわかる

PHP 超入門

星野香保子 [著]

技術評論社

ご注意
ご購入・ご利用の前に必ずお読みください。

- 本書に記載された内容は、情報の提供のみを目的としています。したがって、本書を用いた運用は、必ずお客様自身の責任と判断によって行ってください。これらの情報の運用の結果について、技術評論社および著者はいかなる責任も負いません。

- 本書記載の情報は、2016年4月20日現在のものを記載していますので、ご利用時には、変更されている場合もあります。ソフトウェアに関する記述は、特に断りのないかぎり、2016年4月20日現在での最新バージョンをもとにしています。ソフトウェアはバージョンアップされる場合があり、本書での説明とは機能内容や画面図などが異なってしまうこともあり得ます。

- 本書ご購入の前に、必ずバージョン番号をご確認ください。

- 付属のCD-ROMは、必ず「付属CD-ROMについて」をお読みになったうえでご利用ください。CD-ROMの利用は、必ずお客様自身の責任と判断によって行ってください。CD-ROMを使用した結果生じたいかなる直接的・間接的損害も、技術評論社、著者、プログラムの開発者およびCD-ROMの制作に関わったすべての個人と企業は、一切その責任を負いません。

- 本書の内容および付属CD-ROMに収録されている内容は、次の環境にて動作確認を行っています。

OS	Windows 7 Professional 32ビット版、Windows10 Pro
Webブラウザ	Internet Explorer 11、Microsoft Edge

上記以外の環境をお使いの場合、操作方法、画面図、プログラムの動作等が本書内の表記と異なる場合があります。あらかじめご了承ください。

以上の注意事項をご承諾いただいたうえで、本書をご利用ください。

※ Microsoft、Windowsは、米国Microsoft Corporationの米国およびその他の国における商標または登録商標です。
※ その他、本文中に記載されている製品の名称は、すべて関係各社の商標または登録商標です。

はじめに

　本書は2010年に刊行された「ゼロからわかるPHP超入門〜Webプログラミングの第一歩〜」について、読者の皆さんからご要望が多かったデータベースの章を追加し、全面で最新のPHPに合わせて加筆修正を行った書籍です。

　皆さんのなかには、「Webプログラマになりたいなぁ」という希望を持っている人もいるのではないでしょうか？　自分の作ったものがWebブラウザに表示されて、それをたくさんの人が見たり使ったりしてくれる ── それは、Webサイト開発において感じられる喜びのひとつです。

　PHPは、Webサイトを作るときにひろく使われているプログラミング言語です。ところで、プログラムを作れるようになるといったい何ができるのでしょうか？　たとえば、季節や時間帯によって画面上のメッセージや色を変えたり、ユーザが画面から入力したデータを受け取って処理したり、さまざまな状況に応じて変化のあるWebページを作れます。Webサイトで実現できることを広げていける手段が、プログラミングなのです。

　本書は、まったくプログラムを作ったことのない方やプログラミングを始めて間もない方に向けた優しい本となっています。シンプルなプログラムを少しずつ作りながら、PHPによるWebサイトの作り方を練習していくことを目的としています。Webサイト作りには、PHPだけでなくWebの知識が欠かせませんが、本書ではWebの仕組みやHTMLの基礎についても図をまじえながら説明しています。現在多くのWebサイトでデータベースが使われており、Webサイト開発においてデータベースの知識は必須のものとなっています。本書ではデータベースの基礎について学んだあと、実際にデータベースを使ったアプリケーションを作りますので、データベースの基本的な知識を身につけることができます。

　付属のCD-ROMには、PHPの実行環境を作るためのインストール用ファイルが入っていますので、Windowsパソコンがあればすぐに始められます。また、本書に掲載されたすべてのプログラムのソースコードも含まれていますので、自分の作ったプログラムがもしうまく動かない場合にも、比べて確認しながら作業を進めることができます。

　Webブラウザにたった1行のメッセージを表示させるようなほんの小さなプログラムだとしても、初めて自分の手を動かして結果が画面に表示されたときはうれしいものです。まずは「あ、表示された！」という小さな感動から始めてみませんか？

2016年初夏　星野 香保子

目次

はじめに 3
付属CD-ROM 12

CHAPTER 1
PHPで新たな一歩を踏みだそう　13

1-1　そもそも、プログラムって何？ 14
1-1-1　プログラムとは？ 14
1-1-2　Webアプリケーションとは？ 14

1-2　PHP言語について 15
1-2-1　PHPのはじまり 15
1-2-2　PHPの特徴 16
1-2-3　WebサーバとWebクライアント 18

CHAPTER 2
PHPを使うための準備　19

2-1　PHPを使うには？ 20
2-1-1　PHPを動かすために必要なもの 20
2-1-2　プログラムを作る流れ 21
2-1-3　Webシステムを開発する環境 22

2-2　必要なものをインストールしよう 24
2-2-1　XAMPPのインストール 24
2-2-2　Webサーバの開始／停止方法 29
2-2-3　MySQLサーバの開始／停止方法 31
2-2-4　MySQLサーバパスワードの設定 32
2-2-5　作業用フォルダの作成 34
2-2-6　エディタのインストール 35

2-3	**プログラマが知っておくべきこと**	37
2-3-1	文字エンコーディングと改行コードについて	37
2-3-2	テキストエディタについて	38

CHAPTER 3
Webってどんな仕組みなの？   39

3-1	**Webの仕組み**	40
3-1-1	インターネット上での住所－URL	40
3-1-2	Webページが見える仕組み	42
3-1-3	静的なページと動的なページ	42
3-2	**HTMLについても知っておこう**	44
3-2-1	HTMLとは？	44
3-2-2	HTMLの文法を少し	45

CHAPTER 4
はじめてのPHPプログラム   47

4-1	**プログラムを作って動かしてみよう**	48
4-1-1	はじめてのPHPプログラム	48
4-1-2	エラーが表示された場合の対処	50
4-1-3	プログラムは命令文の集まり	50
4-2	**基本的なルール**	52
4-2-1	PHPファイルの拡張子はphp	52
4-2-2	PHP用のタグで囲む	53
4-2-3	命令文の区切りはセミコロン	53
4-2-4	説明はコメントで書く	54
4-2-5	Webブラウザへ出力する	55

CHAPTER 5
データを取り扱うには　　　　　　　　　　　　59

5-1	データの入れ物－変数	60
5-1-1	変数とは？	60
5-1-2	変数に名前を付ける	61
5-1-3	変数の使い方	61
5-1-4	変数にデータを入れる	62
5-1-5	変数に入れたデータを使う	63

5-2	データの種類	65
5-2-1	値ということば	65
5-2-2	データ型	65
5-2-3	キャスト	68

5-3	文字列について	69
5-3-1	文字列の囲み文字による違い	69
5-3-2	エスケープシーケンス	69
5-3-3	変数の展開	71
5-3-4	ヒアドキュメント	72

5-4	変わらない値－定数	74
5-4-1	定数とは？	74
5-4-2	定数の作り方	74
5-4-3	定数は変更できません	76

5-5	特別な変数と定数	78
5-5-1	スーパーグローバル変数	78
5-5-2	自動的に定義される定数－マジック定数	79

CHAPTER 6
複数のデータをまとめて扱う配列　　83

6-1　データをまとめて―配列　　84
- 6-1-1　配列とは?　　84
- 6-1-2　配列名の付け方　　85

6-2　配列を作る　　86
- 6-2-1　配列の作り方1（1つずつ代入する方法）　　86
- 6-2-2　配列の作り方2（array関数を使う方法）　　89

6-3　配列に関する便利な処理　　92
- 6-3-1　配列に入っているデータの数を求める　　92
- 6-3-2　各要素を同じデータで埋める　　93

CHAPTER 7
画面からデータを入力してみよう　　95

7-1　画面の入力部品　　96
- 7-1-1　画面の入力部品―フォーム　　96
- 7-1-2　画面からの入力を受け取る　　102

7-2　画面から入力するプログラム　　103
- 7-2-1　フォームからデータを受け取るプログラム　　103
- 7-2-2　HTML出力のエスケープ処理　　105
- 7-2-3　HTMLフォームデータを配列で受け取る　　107
- 7-2-4　Web上のセキュリティについて　　109

CHAPTER 8
計算してみよう   113

8-1　簡単な計算をしてみる   114
8-1-1　演算子とは?   114
8-1-2　算術演算   115
8-1-3　割り算について   117
8-1-4　演算子には優先順位がある   117

8-2　変数を使った計算   119
8-2-1　変数を使って計算する   119
8-2-2　変数を使いまわして計算する   120

8-3　その他の計算   121
8-3-1　インクリメントとデクリメント   121
8-3-2　文字列演算子   124
8-3-3　代入演算子と複合演算子   124

CHAPTER 9
条件によって処理を変える   129

9-1　処理の流れを変えるには?   130
9-1-1　制御構文とは?   130
9-1-2　PHPに用意されている制御構文   131

9-2　状況に応じて処理を変える   132
9-2-1　条件分岐とは?   132
9-2-2　条件としての真偽   132

9-3　もし~なら…する (if文)   133
9-3-1　if文の使い方   133
9-3-2　条件に合う場合に処理する (if文)   133
9-3-3　条件に合わない場合にも処理する (if~else文)   135
9-3-4　複数の条件で分岐する (if~elseif文)   137

9-4 条件の書き方 …… 141
- 9-4-1 比較演算子を使った条件 …… 141
- 9-4-2 変数の値を条件判定に使う …… 142

9-5 論理演算子で条件を組み合わせる …… 145
- 9-5-1 論理演算子とは? …… 145
- 9-5-2 論理演算子 (and, &&) …… 145
- 9-5-3 論理演算子 (or, ||) …… 146
- 9-5-4 論理演算子 (!) …… 149

9-6 複数の条件から選ぶ (switch文) …… 151
- 9-6-1 変数の値によって処理を変える …… 151
- 9-6-2 switch文の書き方 …… 151
- 9-6-3 switch文の別の書き方 …… 154

CHAPTER 10 同じ処理を繰り返す …… 159

10-1 繰り返しの処理をする …… 160
- 10-1-1 繰り返しはまかせて …… 160
- 10-1-2 繰り返しで気をつけること …… 161

10-2 繰り返し処理 (while文) …… 162
- 10-2-1 whileの使い方 …… 162
- 10-2-2 do～whileの使い方 …… 165

10-3 繰り返し処理 (for文) …… 168
- 10-3-1 for文による繰り返し …… 168
- 10-3-2 forの使い方 …… 169

10-4 配列を順番に処理する (foreach文) …… 171
- 10-4-1 foreachの使い方1 …… 171
- 10-4-2 foreachの使い方2 …… 173

10-5 繰り返しをやめる …… 175
- 10-5-1 処理をスキップする (continue) …… 175
- 10-5-2 繰り返しを抜ける (break) …… 177

CHAPTER 11
便利な関数を使ってみよう　　183

11-1　いろいろと便利な関数たち　184
- 11-1-1　関数って何だろう?　184
- 11-1-2　関数の分類　185

11-2　関数を自分で作る　186
- 11-2-1　関数を使うには　186
- 11-2-2　関数を作る　186
- 11-2-3　関数を呼び出す　188
- 11-2-4　ユーザ定義関数を書く場所　191

11-3　PHPの組込み関数を使う　192
- 11-3-1　関数リファレンスを利用する　192
- 11-3-2　関数リファレンスの見かた　193

11-4　関数の使い方のコツ　194
- 11-4-1　関数呼び出しの応用1　194
- 11-4-2　関数呼び出しの応用2　195

11-5　関数を使ってみよう　196
- 11-5-1　実用的なプログラムを作ってみよう　196
- 11-5-2　億万長者をめざして　198

CHAPTER 12
データベースを操作するには　　201

12-1　データベースのしくみ　202
- 12-1-1　データベースとは　202
- 12-1-2　テーブルの構造　202
- 12-1-3　データベースサーバ　203
- 12-1-4　SQLとは　204

12-2　ToDoリストを作ってみよう　206

12-2-1	ToDoリストの仕様	206
12-2-2	テーブルについて考える	207
12-2-3	データベースを作る	208
12-2-4	テーブルを作る	211

12-3　PHPからデータベースを操作するには　214

12-3-1	PDOでデータベースを操作する	214
12-3-2	データベースへの接続と切断	214

12-4　ToDoリストを追加する　216

12-4-1	INSERT文で追加する	216
12-4-2	プレースホルダを使うSQL	217
12-4-3	ToDoリストを追加するプログラム	219
12-4-4	テーブルのデータを確認	222

12-5　ToDoリストを表示する　224

12-5-1	SELECT文でデータを取得する	224
12-5-2	ToDoリストを表示するプログラム	226

12-6　ToDoリストから検索する　228

12-6-1	SELECT文で条件を指定する	228
12-6-2	ToDoリストを検索するプログラム	229

12-7　ToDoリストから削除する　232

12-7-1	DELETE文でデータを削除する	232
12-7-2	ToDoリストから削除するプログラム	233

索引　237

付属CD-ROM／ダウンロードサイトに関して

● CD-ROM収録ファイル

付属CD-ROMには以下の内容が収録されています

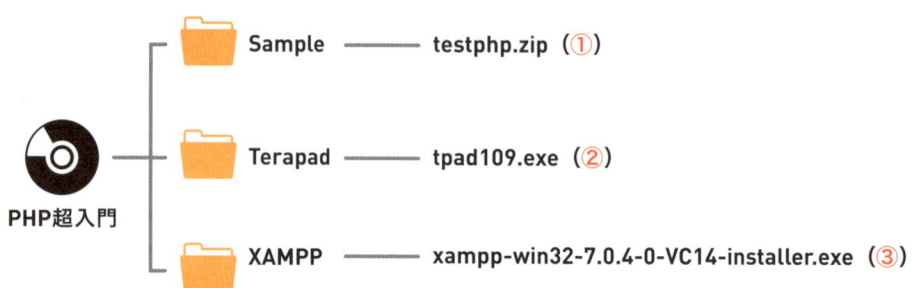

① testphp.zip

本書で利用するサンプルファイルです。本書 2-2-5 で作成する作業用フォルダを参照しながら適宜ご利用ください。

② tpad109.exe

本書で利用するエディタになります。本書 2-2-6 を参照しながらインストールを行ってください。

③ xampp-win32-7.0.4-0-VC14-installer.exe

本書で利用する学習環境になります。2-2-1 XAMPPのインストール手順を参考にご利用ください。

● ダウンロードサイトに関して

本書章末の練習問題の解答と解説は以下より入手してください。

http://gihyo.jp/book/2016/978-4-7741-7891-2/support

CHAPTER

1

PHPで
新たな一歩を踏みだそう

あなたは今、PHPプログラミングの世界への扉を開こうとしています。その扉の先には、輝かしい未来が見えるのではないでしょうか。なぜなら、あなたはPHPプログラマとしての新たな一歩を踏みだすのですから。

1-1	そもそも、プログラムって何?	P.14
1-2	PHP言語について	P.15

CHAPTER 1　PHPで新たな一歩を踏みだそう

1-1　そもそも、プログラムって何？

本書では、いろいろなプログラムを作りながら、PHPの基礎について学んでいきます。ところで、「プログラム」って名前にはよく聞くけれど、そもそも何なのでしょうか？

1-1-1　プログラムとは？

　Webから世界中の情報を収集したり、メールやチャットで離れている人と連絡を取り合ったり、ゲームをしたり、ブログを書いたり…、パソコンは多くの楽しみを私たちに与えてくれます。

　パソコンを始めとするコンピュータは、多くの機能を実現できる「魔法の箱」のようですね。しかし、コンピュータというものは、何かしらの指示を与えなければ動いてくれず、動いてくれなければ「ただの箱」に過ぎません。

　コンピュータに指示を与えるものが、**プログラム**です（図1.1）。

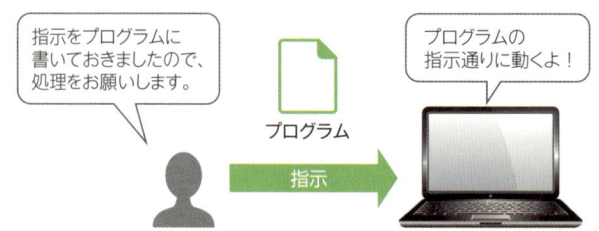

●図1.1　プログラムとは

1-1-2　Webアプリケーションとは？

　プログラムを集めて一連の処理を行うように作り上げたものを**ソフトウェア**といいますが、特に、コンピュータを使う人（ユーザ）に向けた特定の目的を果たすためのソフトウェアは、**アプリケーションソフトウェア**と呼ばれます。その中でも、Webを利用して構築されるアプリケーションは、**Webアプリケーション**と呼ばれます。

　「プログラミングとはプログラミング言語でプログラムを作ること」——ちょっとした早口言葉のようですが、意味はまったくそのままの通りです。

　これから皆さんは、PHPというプログラミング言語を使って、Webアプリケーション用のプログラムを作っていきます。

1-2 PHP言語について

PHP（ピー・エイチ・ピー）は、正式名称をハイパーテキスト プリプロセッサ（Hypertext Preprocessor）といいます。PHPの歴史、特徴について説明します。

1-2-1 PHPのはじまり

PHPの歴史について図1.2で説明します。

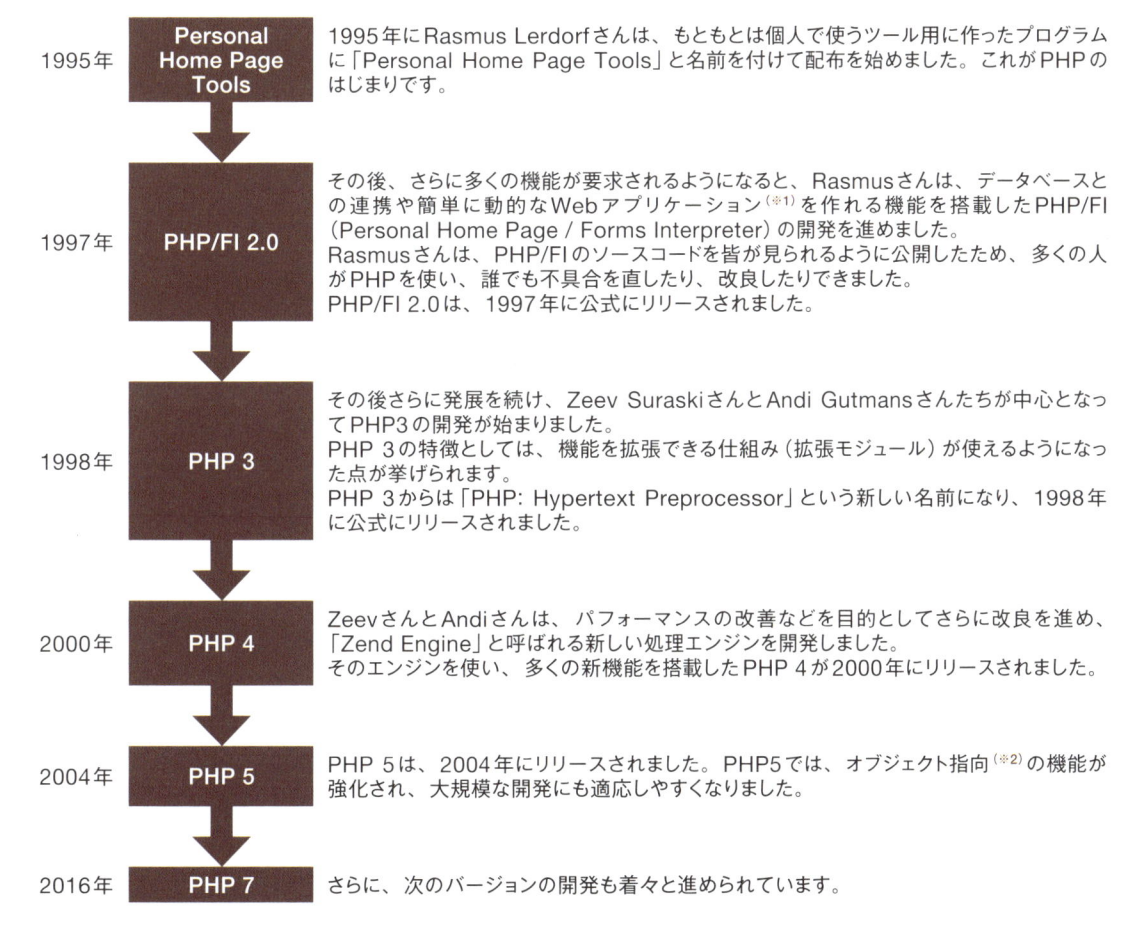

年	バージョン	説明
1995年	Personal Home Page Tools	1995年にRasmus Lerdorfさんは、もともとは個人で使うツール用に作ったプログラムに「Personal Home Page Tools」と名前を付けて配布を始めました。これがPHPのはじまりです。
1997年	PHP/FI 2.0	その後、さらに多くの機能が要求されるようになると、Rasmusさんは、データベースとの連携や簡単に動的なWebアプリケーション[※1]を作れる機能を搭載したPHP/FI（Personal Home Page / Forms Interpreter）の開発を進めました。 Rasmusさんは、PHP/FIのソースコードを皆が見られるように公開したため、多くの人がPHPを使い、誰でも不具合を直したり、改良したりできました。 PHP/FI 2.0は、1997年に公式にリリースされました。
1998年	PHP 3	その後さらに発展を続け、Zeev SuraskiさんとAndi Gutmansさんたちが中心となってPHP3の開発が始まりました。 PHP 3の特徴としては、機能を拡張できる仕組み（拡張モジュール）が使えるようになった点が挙げられます。 PHP 3からは「PHP: Hypertext Preprocessor」という新しい名前になり、1998年に公式にリリースされました。
2000年	PHP 4	ZeevさんとAndiさんは、パフォーマンスの改善などを目的としてさらに改良を進め、「Zend Engine」と呼ばれる新しい処理エンジンを開発しました。 そのエンジンを使い、多くの新機能を搭載したPHP 4が2000年にリリースされました。
2004年	PHP 5	PHP 5は、2004年にリリースされました。PHP5では、オブジェクト指向[※2]の機能が強化され、大規模な開発にも適応しやすくなりました。
2016年	PHP 7	さらに、次のバージョンの開発も着々と進められています。

※1 処理内容や表示結果を変化させられるWebアプリケーションを動的なWebアプリケーションといいます。
※2 モノ（オブジェクト）を基本としてシステムを設計する方式をオブジェクト指向といいます。

● 図1.2　PHPの歴史

1-2-2 PHPの特徴

PHPの主な特徴について説明します。

● HTML埋め込み型のプログラミング言語

Webブラウザ上に表示される基本となるものがHTML文書ですが、PHPのプログラムはHTML文書の中に部分的に埋め込んで記述します（図1.3）。埋め込んだプログラムの処理により、Webアプリケーションの表示内容や機能を状況に応じて変化させることができます。PHPはこのような方式を採っているため、Webアプリケーションの作成に向いているといわれます。

なお、HTMLについては、Webの仕組みとともに第3章で説明します。

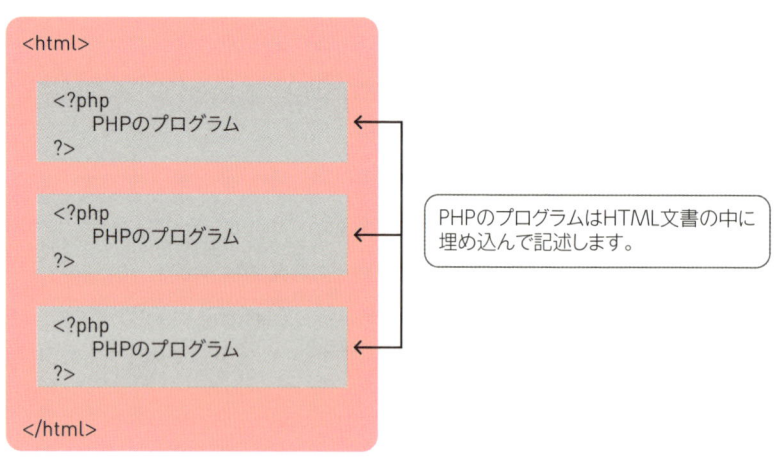

● 図1.3　PHPはHTML埋め込み型

● サーバサイドスクリプト言語

HTML文書に埋め込まれたPHPのプログラムは、Webサーバが動いているコンピュータで実行されます。Webサーバとは、Webブラウザからの要求を受け付け、HTML文書や画像などのデータをWebブラウザに送り返すソフトウェアです。

Webブラウザからの要求などによってPHPのプログラムが呼び出されて実行されます。PHPに限らず、サーバ側で処理されるスクリプト言語[注1]は、「サーバサイドスクリプト言語」と呼ばれます（図1.4）。

TIPS　（注1） 書いたコードをそのまますぐに実行できる方式を採用しているプログラミング言語をスクリプト言語と呼びます。実行環境から見ると、実行時に処理エンジンがソースコードを読んで解析しながら処理を行っていきます。ソースコードを台本（スクリプト）として、そこに書かれたとおりに処理エンジンが実行していきます。

● 図1.4　PHPはサーバサイドスクリプト言語

● オープンソース(注2)である

PHP本体の元になるソースコードが公開されているので、誰でも機能を改良したり拡張したりできます（**図1.5**）。

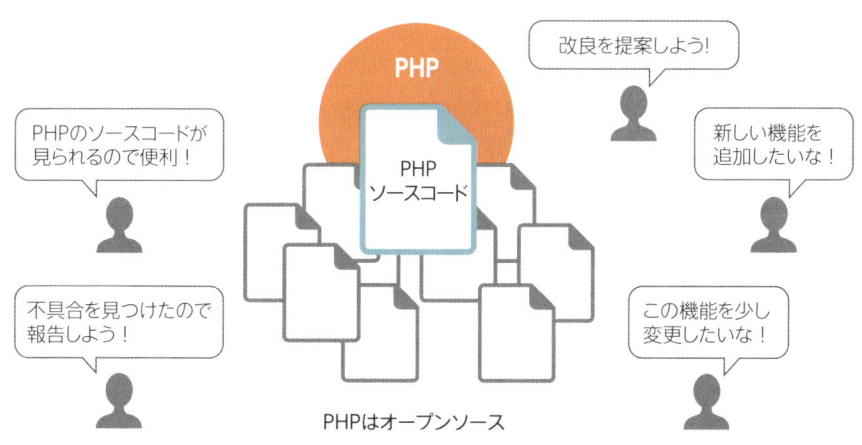

● 図1.5　PHPはオープンソース

● 多くの機能が用意されている

Webアプリケーションの開発に必要な多くの機能が拡張モジュールという形式で用意されています。たとえば、データベース操作(注3)、メール送受信、暗号化、PDF作成など、すべては挙げられないほど数多くあり、私たちはそれらを利用してプログラムを作成できます。

（注2）	ソフトウェアの元になるソースコードを無料で公開し、誰もが改良して再配布できるようにすることをオープンソースといいます。
（注3）	PHPのプログラムからデータベースを操作する方法については第12章を参照してください。

1-2-3 ▶ WebサーバとWebクライアント

「PHPのプログラムはWebサーバが動いているコンピュータで実行されます」と説明しましたが、Webサーバとそれの対になるWebクライアントの意味をここで再確認しておきましょう。

たとえば、皆さんがWebブラウザから技術評論社のWebサイトにアクセスしたとします。Webサイト側ではWebサーバというソフトウェアが動いています。Webサーバは、Webブラウザから要求されたHTML文書や画像などのデータをWebブラウザに応答として送ります（**図1.6**）。

Webサーバに対する言葉がWebクライアントになりますが、これは一般にWebブラウザを指します。

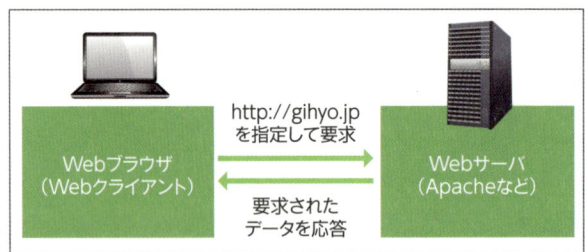

● 図1.6　WebサーバとWebクライアント

また、Webサーバ（ソフトウェア）とそれが動くコンピュータを合わせてWebサーバと呼ぶ場合があります。同じようにWebブラウザとそれが動くパソコンや携帯電話などを合わせてWebクライアントと呼ぶ場合があります。

要点整理

- ✔ コンピュータは、プログラムによる指示を与えると動きます。
- ✔ PHPを始めとするプログラミング言語でプログラムを作ります。
- ✔ PHPはHTML文書に埋め込み可能なサーバサイドスクリプト言語で、Webアプリケーションの作成に適しています。
- ✔ WebサーバはWebブラウザからの要求に対して、HTML文書データなどを応答として返します。

CHAPTER 2

PHPを使うための準備

皆さんのWindowsパソコンでPHPを動かすための環境を整えていきます。そのためには、WebサーバやPHPなどのソフトウェアが必要です。しかし、必要なものは全部Webから無料で手に入るので、気軽に学習を始められます。

2-1	PHPを使うには？	P.20
2-2	必要なものをインストールしよう	P.24
2-3	プログラマが知っておくべきこと	P.37

CHAPTER 2　PHPを使うための準備

2-1 PHPを使うには？

PHPのプログラムを作ったり動かしたりするには、パソコンの環境を整える必要があります。プログラムを動かすまでの手順と必要な環境について見ていきましょう。

2-1-1　PHPを動かすために必要なもの

　PHPでプログラムを作って動かすためには、用意しなければならないソフトウェアがいくつかあります（図2.1）。図では、プログラムの作成作業を行うコンピュータ（開発用コンピュータ）とWebサーバ（実行用コンピュータ）が別々のコンピュータ構成になっていますが、同一のコンピュータでも動作可能です。

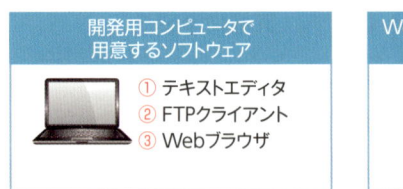

●図2.1　PHPの動作に必要なソフトウェア

①テキストエディタ

　PHPのプログラムを入力するために使います。Webアプリケーションの開発を行う場合は、最低でも以下に示す機能が搭載されたエディタを使う必要があります[注1]。

- 文字エンコーディングを設定できる
- 改行コードを設定できる

②FTPクライアント

　ファイルをWebサーバに転送するために使います。開発用コンピュータとサーバが同じコンピュータの場合は不要です。

③Webブラウザ

　Webサーバにアクセスして、Webサイトを閲覧するために使います。

 TIPS　（注1）　文字エンコーディングと改行コードについては2-3-1で、テキストエディタについては2-3-2で説明します。

④ PHP

　PHPプログラムを動かすエンジンとなるソフトウェアです。皆さんを始め開発者が作ったPHPのプログラムは、このPHPエンジンによって解析、実行されます。

⑤ FTPサーバ

　FTPクライアントソフトウェアを使ってサーバにファイルを転送するには、サーバ側でFTPサーバソフトウェアが動いている必要があります。開発用コンピュータとサーバが同じコンピュータの場合は不要です。

⑥ Webサーバ

　Webブラウザからの要求を受け付けて、PHPなどのプログラムの実行結果やHTML文書などをWebブラウザに応答として返すソフトウェアです。

⑦ データベースサーバ

　データベースを使うアプリケーションを開発する場合はデータベースサーバを用意します。データベースサーバは必ずしもWebサーバと同じコンピュータである必要はありませんが、同じである場合も多いです。

2-1-2 プログラムを作る流れ

　PHPでプログラムを作って動かすまでの作業の流れを図2.2に示します。使うプログラミング言語がPHPに限らず、Webアプリケーションを作って動かす場合は、これと同じような手順になります。

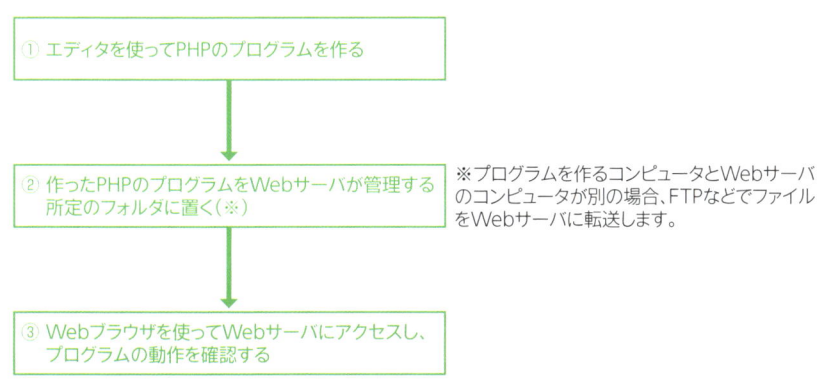

● 図2.2　プログラムを作って動かすまでの作業の流れ

2-1-3　Webシステムを開発する環境

　プログラムを作る開発者の立場で見ると、開発時のコンピュータの構成は図2.3のようになる場合が多くあります。Webサーバとは別の開発用のコンピュータでプログラムを作り、そのプログラムファイルをWebサーバに転送して動作確認をします。ファイルをWebサーバに転送するには、一般にFTPクライアント(注2)というソフトウェアを使います。

　もし皆さんが契約しているプロバイダがPHPに対応していれば、プロバイダのWebサーバでPHPプログラムを動かすことができます。その場合には、図2.3のような構成になるでしょう。

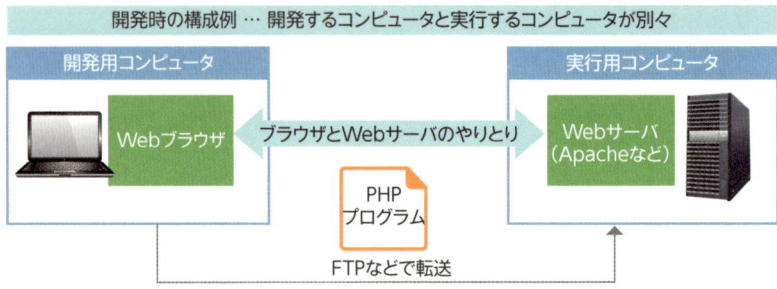

● 図2.3　開発時の構成例

　本書ではPHPの動作環境としてXAMPP（ザンプ）を使用します。XAMPPにはPHP、Apache Webサーバ、MySQLデータベースなどが含まれています。

　本書での学習においては、1台のコンピュータでも作業が可能なようにPHPの動作環境としてXAMPP（ザンプ）を使用します(注3)。図で示すと図2.4のような構成になります。つまり、開発用と実行用のコンピュータが同じです。

TIPS　（注2）　FTPは、ネットワークでつながった別のコンピュータへファイルを転送するためのプロトコル（通信する上での規約）です。Webサーバへファイルを転送するときなどに使われます。

　　　　　（注3）　XAMPPとはWebアプリケーション開発に必要なソフトウェアをパッケージとしてまとめたものです。XAMPPにはPHP、Apache Webサーバ、MySQLデータベースなどが含まれているのですぐに開発することができます。

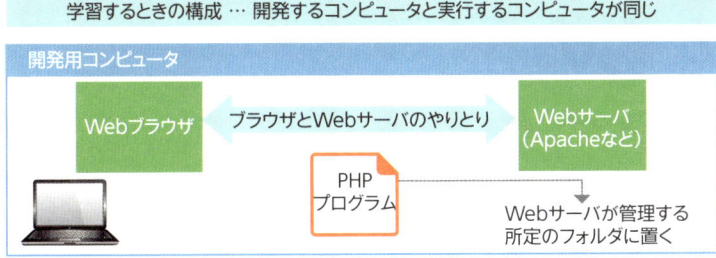

● 図2.4　本書で学習するときの構成

　もし、Webサーバ専用のコンピュータを準備できる場合は、図2.3の構成で作業を進めても問題ありません。

COLUMN

XAMPPについて

　本書では、PHPの実行環境としてXAMPPを使います。XAMPPはWebサーバ「Apache（アパッチ）」、データベース管理システム「MySQL」、プログラミング言語「PHP」「Perl」などをひとまとめにしたパッケージです。本来は、複数のサーバソフトウェアやプログラミング言語を個別にインストールしなければならないところを、XAMPPはそれらを一括でインストールできるので、手軽にWebの実行環境を整えられます。

　XAMPPには、Windows向け、Linux向け、Mac向けのパッケージが用意されています。本書ではWindows向けのパッケージを使っていますが、Linux、Macをお使いの方もほぼ同じような手順で作業を行えます。

　PHPやApacheは、改良やセキュリティ対策などを理由にバージョンアップされることがありますが、XAMPPもそれにともなって年に数回程度バージョンアップされます。本書は執筆時点でのXAMPPの最新版で解説していますが、以下のXAMPPのサイトから最新のバージョンを入手することも可能です。

http://www.apachefriends.org/

CHAPTER 2　PHPを使うための準備

2-2　必要なものをインストールしよう

本書ではPHPの実行環境としてXAMPP（ザンプ）を使います。XAMPPはWebサーバ、データベース、PHPなどがまとまってパッケージ化されたものです。付属CD-ROMに入っていますのでインストールを行ってください。

2-2-1　XAMPPのインストール

本書に沿って実習を行うには、2-2-1から2-2-6までのインストール作業を事前に行っておく必要があります。手順に沿ってインストール作業を進めてください。

また、プログラムの開発を行うときにはさまざまな種類のファイルを扱うので、エクスプローラでファイルの拡張子が見えるようにしておくと便利です（コラム参照）。

以降では、XAMPPをインストールする手順について説明します。

やってみよう　XAMPPをインストールしてみよう

Step1　XAMPPのインストーラーを起動

付属CD-ROMの「XAMPP」フォルダにある以下のファイルをダブルクリックしてインストーラを起動します。

```
xampp-win32-7.0.4-0-VC14-installer.exe
```

「ユーザー アカウント制御」の画面が表示された場合は、「はい」ボタンをクリックします。また、図2.5のような確認画面が表示され場合は「Yes」ボタンをクリックしてください。これは、ウィルス対策ソフトが動作している場合、XAMPPのインストールに時間がかかったりインストールに支障をきたす可能性があることへの確認画面となります。

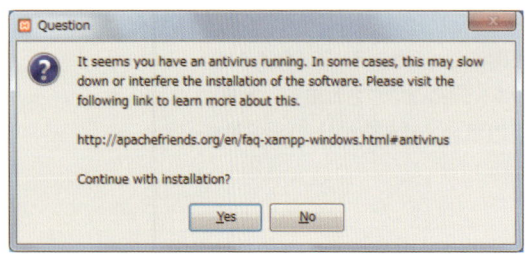

● 図2.5　確認画面

さらに、図2.6のような警告画面が表示され場合は「OK」ボタンをクリックしてください。

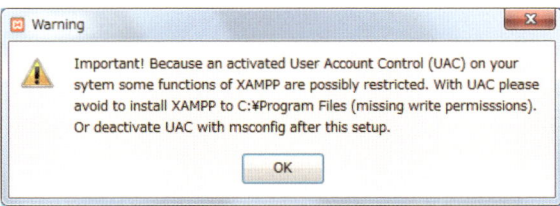

● 図2.6　警告画面

WindowsのユーザーアカウントMa(UAC)がオンの状態ではXAMPPの機能が制限される可能性があるので、次のいずれかで対応するよう指示されています。

① C:¥Program Filesフォルダ以外にインストールする
② UACをオフにする

本書では①の対応を行うこととしC:¥xamppフォルダにインストールします。

Step2　Setup画面

最初の画面が表示されます。「Next」ボタンをクリックします（図2.7）。

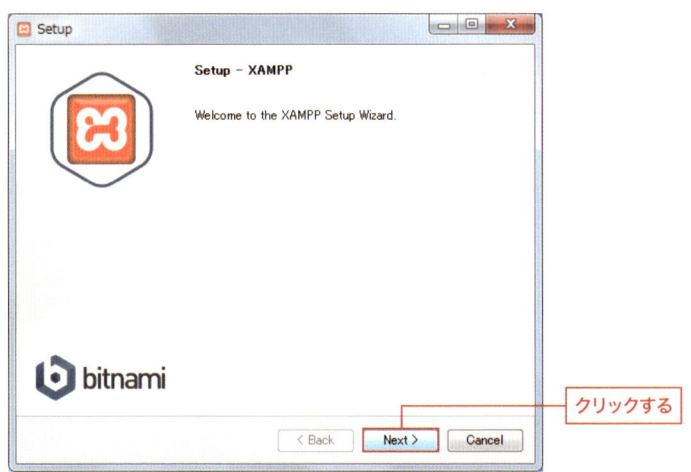

● 図2.7　Setup画面

Step3　コンポーネントを選択

インストールするコンポーネントを選択する画面が表示されます。すべての項目がチェックされていることを確認して「Next」ボタンをクリックします（図2.8）。

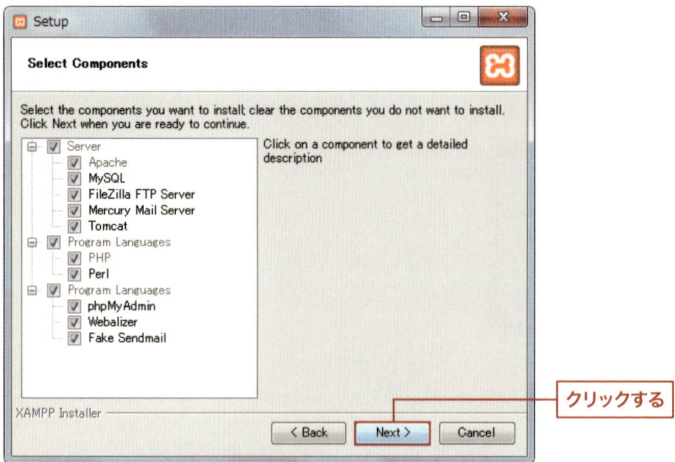

● 図2.8 コンポーネントの選択

Step4 インストール先のフォルダを指定

インストールするフォルダを選択する画面が表示されます。本書ではインストール先を「C:¥xampp」とします。フォルダが「C:¥xampp」になっていることを確認して「Next」ボタンをクリックします（**図2.9**）。

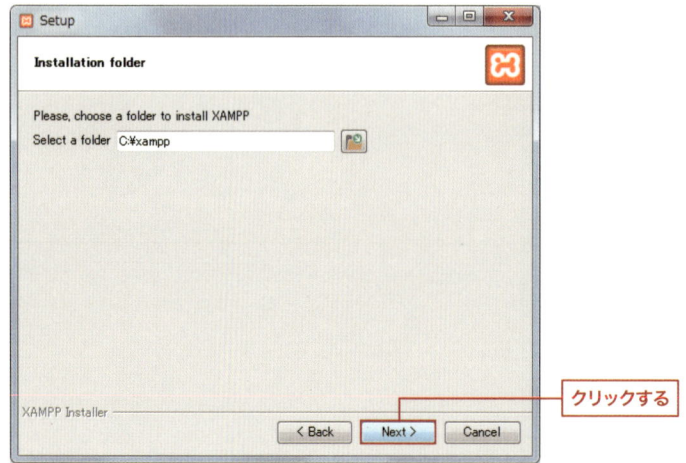

● 図2.9 インストール先フォルダ

Step5 追加のアプリケーションを確認

追加のアプリケーションについての説明を表示するための確認画面です。本書では不要なので、チェックをはずし「Next」ボタンをクリックします（図2.10）。

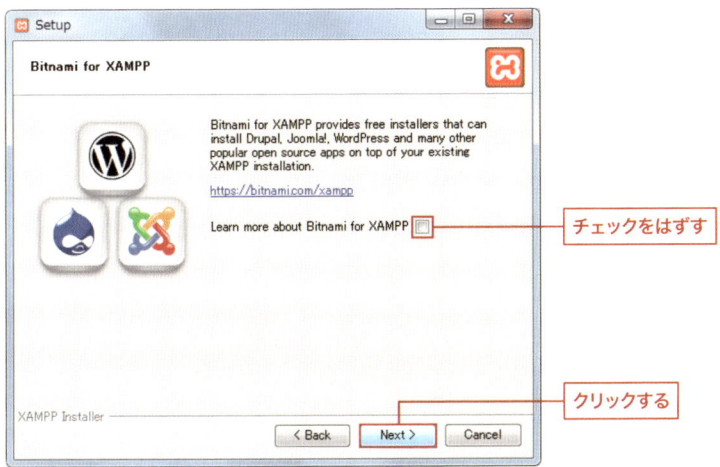

● 図2.10　追加のアプリケーションの説明

Step6 インストールを開始

インストールを開始するための確認です。「Next」ボタンをクリックします（図2.11）。インストール中はパソコンの環境により、数分から数十分程度かかります。

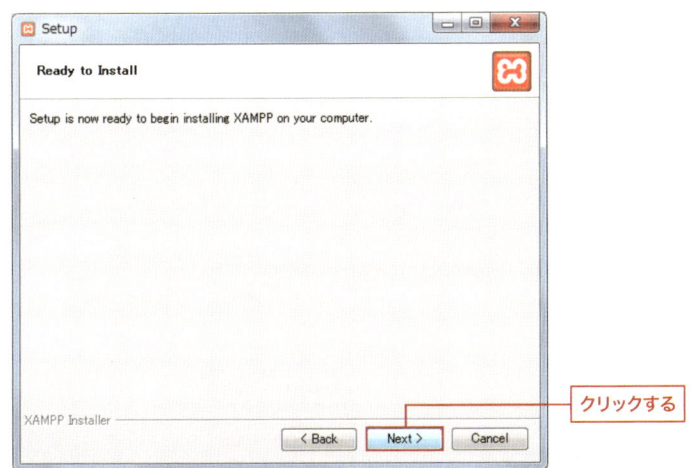

● 図2.11　インストールの確認

Step7 インストール完了

図2.12のようなインストール完了画面が表示されれば、インストールは完了です。チェックボックスのチェックをはずして「Finish」ボタンをクリックします。

CHAPTER 2　PHPを使うための準備

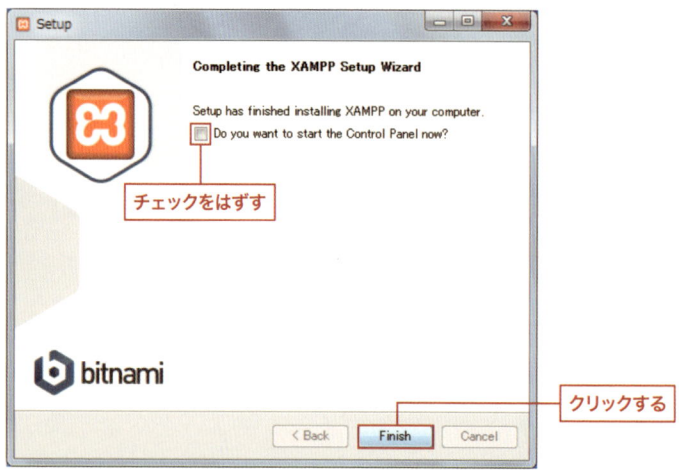

● 図2.12　インストール完了

COLUMN

エクスプローラで拡張子を表示しよう

エクスプローラでファイルの拡張子を見えるようにするには、次の手順で行います。

手順①　スタートボタンをクリックし「エクスプローラ」を選択します。
手順②　エクスプローラの上部のメニューから「表示」をクリックし、右側にある「オプション」をクリックします（図A）。
手順③　フォルダー オプション画面で、「表示」タブをクリックします。
手順④　詳細設定の欄で「登録されている拡張子は表示しない」という項目を探し、チェックボックスのチェックを外します（図B）。
手順⑤　「OK」ボタンをクリックして、画面を閉じます。

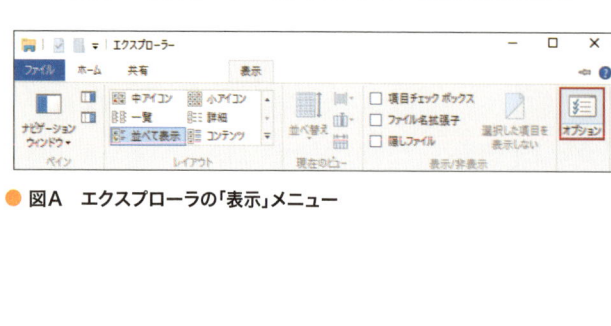

● 図A　エクスプローラの「表示」メニュー

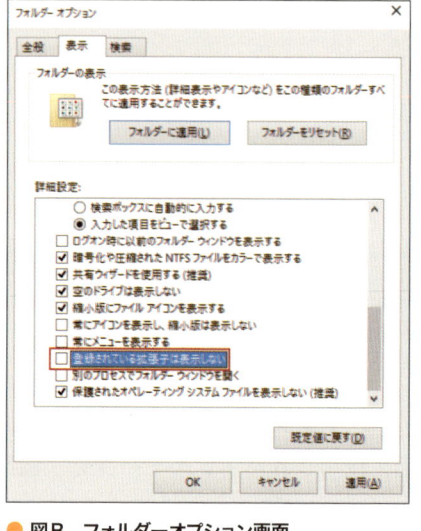

● 図B　フォルダーオプション画面

2-2-2 Webサーバの開始／停止方法

Webサーバの開始と停止は「XAMPP Control Panel」という画面を操作して行います。以降では、Webサーバの開始と停止方法を説明します。

やってみよう　Webサーバの開始／停止をしてみよう

Step1 XAMPP Control Panelを起動

スタートメニューから「すべてのアプリ」→「XAMPP」→「XAMPP Control Panel」を選択します。すると、「XAMPP Control Panel」画面が表示されます。初めて起動したときにはLanguage画面（図2.13）が表示される場合がありますが、「Save」ボタンをクリックしてください。

● 図2.13　Language画面

Step2 Webサーバを開始

「XAMPP Control Panel」画面のApacheと表示された右側にある「Start」ボタンをクリックします（図2.14）。少し待つとApacheと表示された部分が緑色（注4）に変わり、同時に「Start」ボタンが「Stop」ボタンに変化します（図2.15）。「Start」ボタンを押したときにセキュリティの警告画面（図2.16）が表示された場合は「アクセスを許可する」ボタンをクリックしてください。

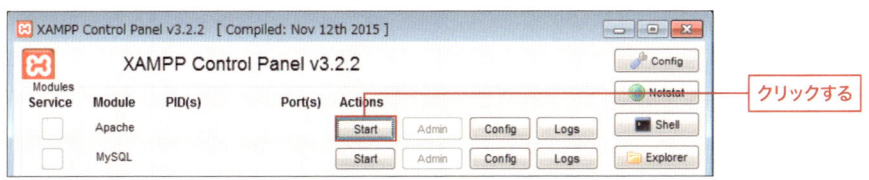

● 図2.14　Webサーバが停止している状態

TIPS　（注4）　「Start」ボタンを押すと、Apacheと書かれた部分が黄色に変化したあと緑色になることがあります。しばらく待って緑色になれば問題ありません。

CHAPTER 2　PHPを使うための準備

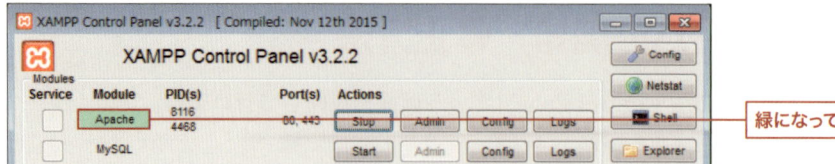

●図2.15　Webサーバが開始している状態

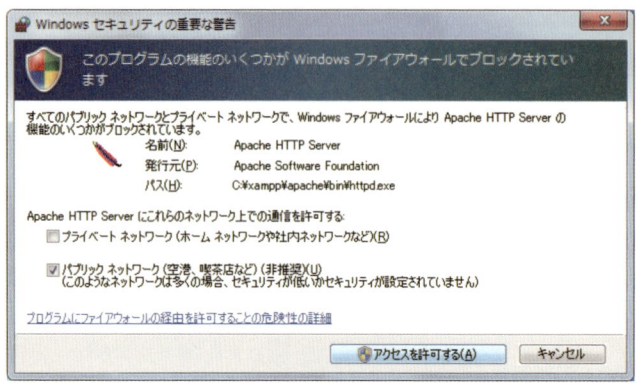

●図2.16　Windowsセキュリティの重要な警告画面

Step3　Webサーバを停止

　Webサーバを停止するときは、「Stop」ボタンをクリックします。Apacheと表示された部分の背景色が灰色になり、「Stop」ボタンが「Start」ボタンに変化します。

COLUMN

Webサーバの起動に失敗する場合

　本書で使用するWebサーバ（XAMPP 7.0.4に含まれるApache）は、ポート80番と443番を使用して動作します。ポートとはネットワーク通信の窓口のことで、ネットワークで通信する上で必要なしくみです。もしこれらのポートを使う別のソフトウェアがすでに動いていると、Apache Webサーバが正常に起動しないことがあります。その場合は次のように対処してください。

- Skypeなどポート80番や443番を使うソフトウェアの設定を変更し、異なるポート番号を使う
- 一時的にそのソフトウェアのサーバ機能を停止する

　ポート80番を使うソフトウェアとしては次のようなものがあります。

- Skype
- IIS
- TeamViewer
- BranchCache

2-2-3 MySQLサーバの開始／停止方法

第12章ではデータベースを使った作業を行います。第12章を学習するときは、以降の手順でMySQLサーバを起動させた状態にしてください[注5]。

やってみよう ✚ MySQLサーバの開始／停止をしてみよう

Step1 XAMPP Control Panelを起動

スタートメニューから「すべてのプログラム」→「XAMPP」→「XAMPP Control Panel」を選択します。「XAMPP Control Panel」画面が表示されます。

Step2 MySQLサーバを開始

「XAMPP Control Panel」画面のMySQLと表示された右側にある「Start」をクリックします(図2.17)。少し待つとMySQLと表示された部分が緑色に変わり、同時に「Start」ボタンが「Stop」ボタンに変化します(図2.18)。「Start」ボタンを押したときにセキュリティの警告画面(図2.19)が表示された場合は「アクセスを許可する」ボタンをクリックしてください。

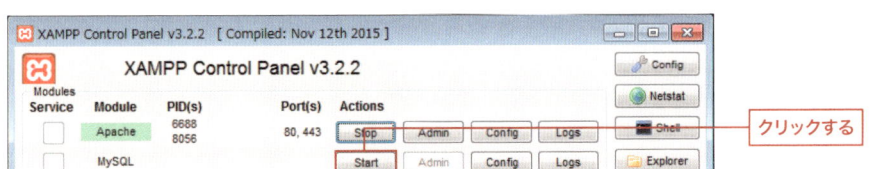

● 図2.17　MySQLサーバが停止している状態

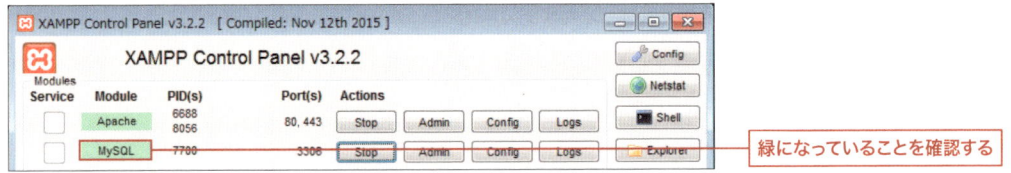

● 図2.18　MySQLサーバが開始されている状態

> **TIPS**　(注5)　データベースを使うのは第12章だけですが、常にWebサーバと同時にMySQLサーバを開始させておいても特に問題ありません。

CHAPTER 2　PHPを使うための準備

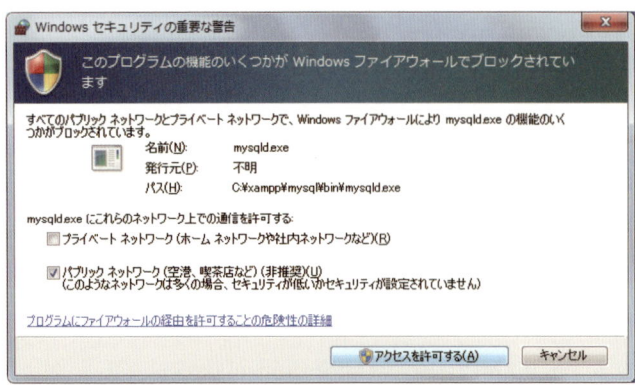

● 図2.19　Windowsセキュリティの重要な警告画面

Step3　MySQLサーバを停止

MySQLサーバを終了するときは、「Stop」ボタンをクリックします。MySQLと表示された部分が灰色になり、「Stop」ボタンが「Start」ボタンに変化します。

2-2-4　MySQLサーバパスワードの設定

一般にデータベースにアクセスするときは、ユーザ名とパスワードが必要です。しかし、XAMPPをインストールした状態ではパスワードが何も設定されていません。以降の手順でMySQLにアクセスするためのパスワードを設定してください。

やってみよう　MySQLサーバのパスワードを設定しよう

Step1　サーバを開始

2-2-3に示す手順で、MySQLサーバを開始します。XAMPP Control Panelの「MySQL」の表示が緑色の状態であることを確認してください。

Step2　XAMPP Shellを起動

XAMPP Control Panelの「Shell」ボタン（図2.20）をクリックします。すると、XAMPP Shell画面（図2.21）が開きます。XAMPP Shell画面を使うと、コマンドを入力して各種の設定を行うことができます。画面の一番下に表示されている「#」の右側に任意のコマンドをキーボードで入力します(注6)。

TIPS　（注6）　図2.21の例では「#」の上に「ppuser@PC c:¥xampp」と表示されていますが、この表示はお使いの環境により異なります。

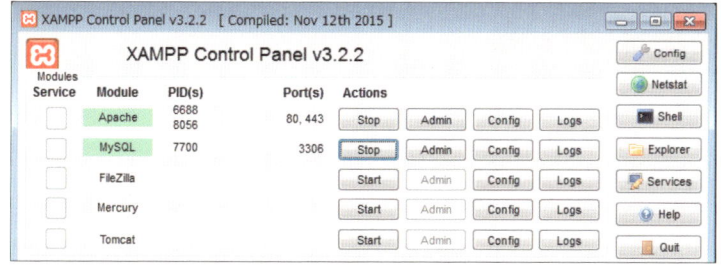

● 図2.20 「Shell」ボタン

● 図2.21 XAMPP Shell画面

Step3 管理者ユーザのパスワードを設定

XAMPP Shell画面で以下のコマンドを入力してEnterキーを押します。XXXXXXXXXXXXの部分には自分で決めた任意のパスワードを入力してください。パスワードは絶対に忘れないようにしてください。

```
mysqladmin.exe -u root password XXXXXXXXXXXXXXXX
```

Enterキーを打った後は特にメッセージは表示されませんが、この手順によりrootユーザのパスワードは設定されたことになります。

Step4 XAMPP Shellを閉じる

XAMPP Shell画面で以下のコマンドを入力してEnterキーを押します。XAMPP Shell画面が終了します。

```
exit
```

Step5 MySQLサーバを再起動

MySQLサーバを一旦停止した後、再度開始させてください。

2-2-5 作業用フォルダの作成

　Web上に公開するHTML文書や画像などのファイル、およびWebからのアクセスによって起動するPHPなどのプログラムファイルは、Webサーバが管理する所定のフォルダ以下に置いておく必要があります。このフォルダを**ドキュメントルート**といいます。言い換えると、ドキュメントルート以下（サブフォルダも含む）に置いたファイルでなければWebブラウザからアクセスできません[注7]。

　ドキュメントルートがどのフォルダになるかは、Webサーバの設定によって決まります。XAMPPを本書の手順でインストールすると、以下のフォルダがドキュメントルートになります（XAMPPやWebサーバのバージョンにより異なる場合があります）。

- XAMPPを本書の手順でインストールしたときのドキュメントルート
  C:¥xampp¥htdocs

　本書では、ドキュメントルートの下に作業用フォルダのtestphpを作成して作業を進めます。ここでの手順はフォルダを作成するだけです。

Step1 フォルダを作成

エクスプローラで次のフォルダを作成してください。

- 本書で作成するプログラムを置くフォルダ
  C:¥xampp¥htdocs¥testphp

　本書ではいろいろなプログラムを作成しますが、作成したプログラムを実行するには、Webブラウザのアドレス欄に次のように指定します。「プログラム名.php」の部分には実際に作ったプログラムのファイル名が入ります。

　http://localhost/testphp/プログラム名.php

　「**localhost（ローカルホスト）**」は、自身のコンピュータを指す特別なホスト名ですので覚えておきましょう。

TIPS　（注7）　データファイルなどブラウザから直接見る必要のないファイルは、通常ドキュメントルート以外のフォルダに置きます。

COLUMN

ソース？ コード？ プログラム？

「ソースコード」は、プログラミング言語によって書かれたプログラムリストを指す言葉で、「ソース」ともいいます。ソースコードが保存されたファイルは、ソースファイルと呼ばれます。ソースは「source: みなもと」という意味で、プログラムリストは「実行するプログラムの源」であることから、ソースと呼ばれます。

ややこしいのですが、コンピュータに対する命令という意味合いが強まると、ソースコードを「コード」と呼ぶ場合があります。

さらにややこしいのですが、「プログラム」という言葉は意味が幅広く、動いている最中のプログラムを指す場合もあれば、ソースコードを指す場合もあります。

2-2-6 エディタのインストール

エディタは、プログラムを入力するときに使うソフトウェアです。本書ではフリーソフトのTeraPadを使用します。

付属CD-ROMの「TeraPad」フォルダにある以下のファイルをダブルクリックしてインストーラを起動します。画面の指示に従ってインストールしてください。

tpad109.exe

途中で「ユーザー アカウント制御」の確認画面が表示された場合は、「はい」ボタンをクリックしてください。

インストールしたら、次にエディタを使いやすくするための設定を行います。本書では、コードにタブ（4文字幅）を適宜入れていますので、以降の手順でタブの数を4に設定するとコードが見やすくなります。また、エディタの文字エンコーディング[注8]を設定しておきます。

やってみよう　エディタをインストールしてみよう

Step1　オプション画面を表示

TeraPad画面上部のメニュー［表示(V)］-［オプション(O)...］をクリックします。

Step2　タブの文字数を設定

表示されたオプション画面の上の方にある［基本］タブをクリックします。タブの文字数に「4」を指定します。

TIPS　（注8）　文字エンコーディングについては、2-3-1 で説明します。

Step3 文字コードと改行コードを設定

次に［文字コード］タブをクリックします。図2.22のように指定します。

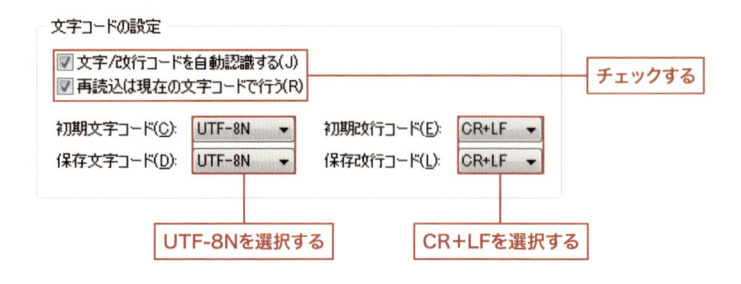

●図2.22　TeraPadの「文字コード」タブ

設定が終わったら、「OK」ボタンをクリックしてオプション画面を閉じます。

COLUMN

使いやすいエディタを見つけてカスタマイズしよう

プログラマにとってエディタは最も重要な仕事道具といっても過言ではありません。なぜなら、1日中ずっとエディタと向き合っていることもしばしばだからです。

もしエディタの白い背景色がまぶしく感じる場合は、**2-2-6**で説明したオプション画面の「色」タブ画面で、エディタの背景色や文字色を変更できます。人によって快適に感じる見栄えはそれぞれですので、自分の見やすいようにカスタマイズできるエディタはとても便利です。

2-3 プログラマが知っておくべきこと

Webアプリケーションの開発者が知っておきたい、文字エンコーディングと改行コードについて説明します。

2-3-1 文字エンコーディングと改行コードについて

普段私たちはいろいろな文字を使って文章を作っています。

英字、数字、記号、ひらがな、カタカナ、漢字　など

コンピュータの内部で、これらの文字は「番号」で管理されています。

たとえば、私たちがメモ帳で文書ファイルを開いたときには、番号で保存されている文字データが、目に見える文字に変換されて画面に表示されています。コンピュータは、私たちが使う文字とそれに対応する番号を変換する処理を行っているのです。

この変換を行うための規則を、**文字エンコーディング**（文字符号化方式）といいます。文字エンコーディングは何種類も存在しているのですが、日本語環境では、以下の文字エンコーディングが使われることが多いです。

- UTF-8
- EUC
- Shift-JIS

インターネットで公開されているWebサイトでは、サイトによって異なる文字エンコーディングが使われています。Webブラウザは、いろいろな文字エンコーディングに対応した表示が可能で、現在見ているページがどの文字エンコーディングを使っているのかを知ることもできます。

WindowsのInternet Explorerの場合、画面を右クリックして表示されるメニューから「エンコード」を選択すると、表示されているページの文字エンコーディングを知ることができます。

CHAPTER 2　PHPを使うための準備

　私たちはこれからPHPのプログラムを作成していきますが、使う文字エンコーディングと改行コードを決めておく必要があります。**改行コード**とは、キーボードから「Enter」キーを押して改行したときに、それをあらわすためのコード（番号）のことです。

　本書では、作ったプログラムをファイルに保存するときに、以下の文字エンコーディングと改行コード[注9]を使うことにします。

- 文字エンコーディング …… UTF-8N
- 改行コード　　　　　　…… CR、LF

2-3-2　テキストエディタについて

　プログラミング言語を使ってプログラムを書いていく作業を**コーディング**といいます。プログラムはコードとも呼ばれますが、コーディングは、「コンピュータに処理させたい内容をコード化する」という意味です。

　テキストエディタはコーディングするために使うソフトウェアです。Webアプリケーションを開発するときに注意しなければならないのが、**2-3-1**で説明した文字エンコーディングと改行コードです。

　文字エンコーディングと改行コードは、実際のプログラムの開発環境や実行環境では、さまざまなものが使われていて統一されていないのが現状です。よって、文字エンコーディングと改行コードを任意に設定できるテキストエディタを使う必要があります[注10]。

要点整理

✔ **PHP**を動かすためには、**Web**サーバと**PHP**のインストールおよび設定が必要です。

✔ **PHP**を動かすために必要なソフトウェアは、**Web**から入手可能です。

✔ **Web**アプリケーション開発では、文字エンコーディングと改行コードに注意する必要があります。

TIPS　（注9）　UTF-8では、BOMという特殊なデータを付ける場合と付けない場合があります。BOMを付けないものをUTF-8Nと表現する場合があります。本書では、BOMを付けないUTF-8Nを使います。

TIPS　（注10）　Windows標準で含まれる「メモ帳」は、文字エンコーディングと改行コードを自由に設定できません。プログラム開発時には、それらの設定が可能なテキストエディタ（たとえば「TeraPad」や「秀丸エディタ」など）を使うことをお勧めします

CHAPTER

3

Webってどんな仕組みなの?

さっきまでなんにもすることがなくてヒマでヒマで仕方なかったのに、ちょっとブラウザを立ち上げてみたら、サイトの徘徊に歯止めが効かなくなって何時間も経ってしまった!…なんて経験はありませんか?そんな魅力に満ちたWebの世界ってどんな仕組みでできているのでしょうか?

| 3-1 | Webの仕組み | P.40 |
| 3-2 | HTMLについても知っておこう | P.44 |

CHAPTER 3　Webってどんな仕組みなの?

3-1 Webの仕組み

インターネットの世界には、多種多様なWebサイトが存在します。普段なにげなく見ているWebサイトは、どのような仕組みで見えているのでしょうか? まずはその仕組みを解き明かしていきましょう。

3-1-1 ▶ インターネット上での住所－URL

　私たちはパソコンや携帯電話を使って、Webサイトにアクセスします。WebブラウザからURLアドレスを指定したり、画面上のリンクをクリックしたりするだけで、目的のWebページは表示されます(図3.1)。このように、簡単に見られるWebページですが、いったいどのような仕組みで見えているのでしょうか?

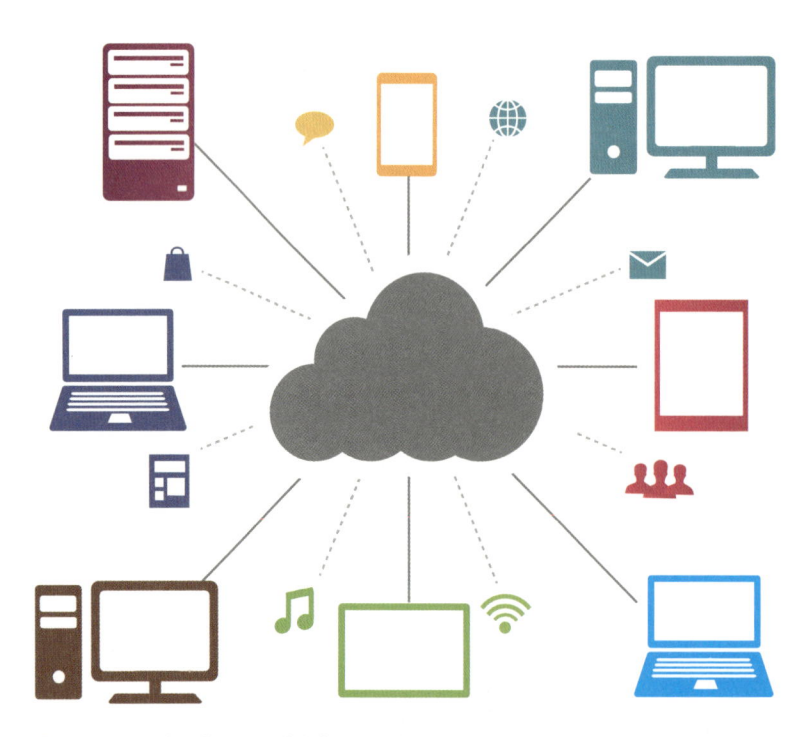

● 図3.1　インターネットは巨大なネットワーク

　まずは、URLについて説明しましょう。URL(Uniform Resource Locator)は、目的のWebサイトにアクセスするときに指定する以下のような表記のことです。

http://www.aaa.com/bbb/ccc.html

URLは、インターネット上に存在する情報がどこにあるかをあらわしています。Webブラウザから URL を指定することにより、「どこどこのサーバにある、なになにファイル」というように、目的の情報を特定できます。

一般的に、URL は図3.2のような構造になっています。

```
http://www.aaa.com/bbb/ccc.html
  ①         ②           ③
```

● 図3.2　一般的なURLの構造

① スキーム名

利用するサービスの種類を指定します。httpと指定することにより、HTTPのサービスを利用することを示します。httpと似たスキーム名でhttpsというものがありますが、これは、HTTPのサービスにセキュリティ機能を付加したものです。

② サーバ名

Webブラウザからアクセスするサーバの名前です。この部分にIPアドレスを指定することもできます。

③ ファイルのパス名

目的のファイル名を指定します。この例では、実際のファイル名はccc.htmlの部分です。ファイル名の前の部分にはディレクトリ名を指定します。ディレクトリ名は、サーバコンピュータ内でファイルが置かれているフォルダを示しています。

ところで、最後のファイル名の部分が省略されたURLを見たことがありますか？ たとえば、以下のようなURLです。

```
http://gihyo.jp/　←技術評論社のホームページ
```

このURLを見ると、③のファイル名が指定されていません。このようにファイル名が省略された場合には、使われるファイルはWebサーバの設定により決まります。省略されたときに使われるファイルの例としては、以下のようなものがあります。

- index.html
- Default.htm
- index.cgi
- index.php　　　など

3-1-2 ▶ Webページが見える仕組み

　私たちがWebブラウザからURLを入力したり、画面上のリンクをクリックしたりしたときには、Webサーバと通信（データのやりとり）が行われています（図3.3）。URLには、サーバ名とファイル名が含まれています。Webブラウザから URLを入力したときには、そこで指定したサーバに対して「ファイルをください」という要求が送信されます。Webサーバは要求されたファイルのデータをWebブラウザに応答として送信します[注1]。

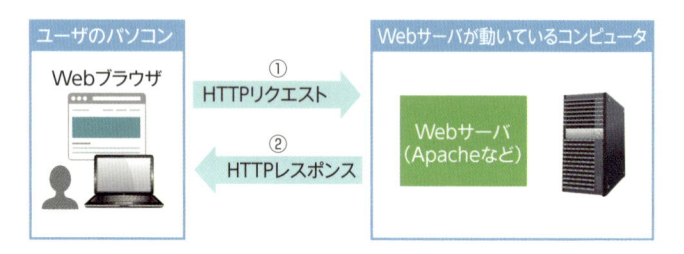

●図3.3　WebブラウザとWebサーバの通信

　WebブラウザからWebサーバへの要求を**HTTPリクエスト**といいます。対してWebサーバからWebブラウザへの応答を**HTTPレスポンス**といいます。
　皆さんがブラウザでWebページを見るための操作をするたびに、このようなWebブラウザとWebサーバ間の通信が行われているのです。

3-1-3 ▶ 静的なページと動的なページ

　Webブラウザから見ようとしたページが単なるHTML文書でできている場合、そのHTMLファイルを入れ替えない限り内容は変化しないので、Webブラウザから何度アクセスしても常に同じ内容が表示されます。このようなページは「**静的なページ**」と呼ばれます[注2]。
　一方、状況によって表示内容が変化するページはプログラムによって生成されます。PHPの処理によって出力されたHTML形式のデータがWebブラウザに送られます。プログラムの処理によりHTMLの内容を自由に作成できるので、結果的に変化に富んだ内容をWebブラウザに表示できるのです。このようなページは「**動的なページ**」と呼ばれます（図3.4）。

TIPS　（注1）　HTTP（HyperText Transfer Protocol）という通信規約に基づいて通信が行われます。
　　　　　（注2）　拡張子がHTMLの場合でも、HTML文書の中からJavaScriptなどのプログラムを実行したり、別のプログラムを呼び出したりしている場合は、表示内容が変化する場合もあります。

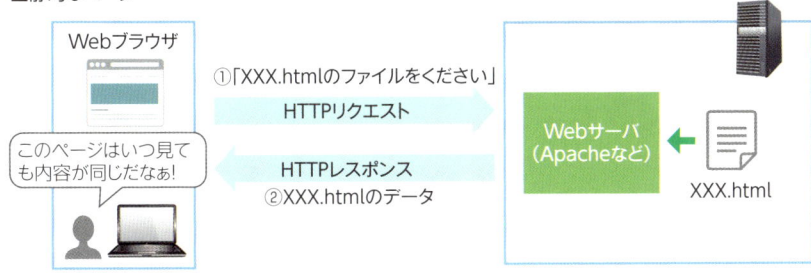

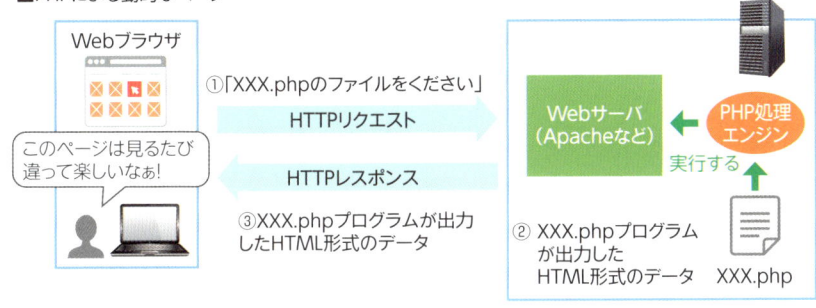

●図3.4　静的なページと動的なページ

　Webブラウザへ表示する内容を自由に変えられる——そこがまさに「プログラムを作る意味」といえます。また、そこにWebアプリケーションを作る楽しさがあるとも言えるのです。多くの人が見るページの表示内容を、プログラマの意思で自由に変えられたら楽しそうですよね？

CHAPTER 3　Webってどんな仕組みなの?

3-2 HTMLについても知っておこう

WebページはHTMLという言語からできています。言語といってもプログラミング言語ではありませんが、Webページを作るにはHTMLについての知識が必要になります。

3-2-1　HTMLとは?

　Webページはインターネット上に溢れるほど存在しますが、どのWebページも基本的には、HTML（HyperText Markup Language）という言語を使って作られています。基本的には…と書きましたが、現在、Webページを見せるための技術は、どんどん発展しており、複数の技術を使ってWebページが作られることが多くなっています。しかし、どのWebページもHTML言語で作られた画面をベースとしています。

　HTMLは「Webブラウザで見る画面を作るための言語」です。言語といってもプログラミング言語ではなく、Webページに表示する項目の配置や構成を定義するために使います。

　Webページは、HTMLという共通的な言語で作られているおかげで、誰でも、どこでも、どのコンピュータでも、Webブラウザから同じように見ることができるのです。

　HTML言語で作った文書は、HTML文書と呼ばれます。HTML文書ファイルは、テキストベースなので、テキストエディタで開いてソースコードを見ることができます。また、WebブラウザからHTML文書ファイルを直接開けば、その内容を画面に表示させることができます（図3.5）。

Webブラウザ

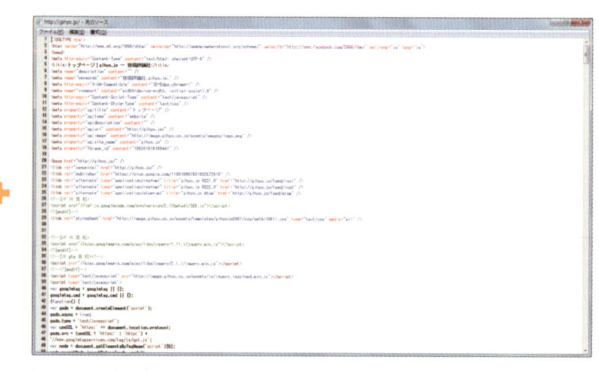

Internet Explorerでは、
メニューから「表示」→「ソース」を選択すると、
表示中のページのソース（HTML文書）を見ることができます。

● 図3.5　WebページはHTML言語でできている

3-2-2 ▶ HTMLの文法を少し

HTML文書の基本的な構成を図3.6に示します。<html>や<head>などをタグといい、いろいろなタグを記述することにより画面の構成や見栄えを定義します。

HTML文書は、<html>で始まり</html>で終わります。その中にHEADセクションとBODYセクションが含まれます。

HEAD部分は、HTML文書のヘッダ部で、ページのタイトルやスタイルシート（レイアウトや書式などを定義する言語）などを記述します。

BODYセクションには、本文を記述します。ブラウザで表示するテキストや画像などはBODYセクション内に記述します。

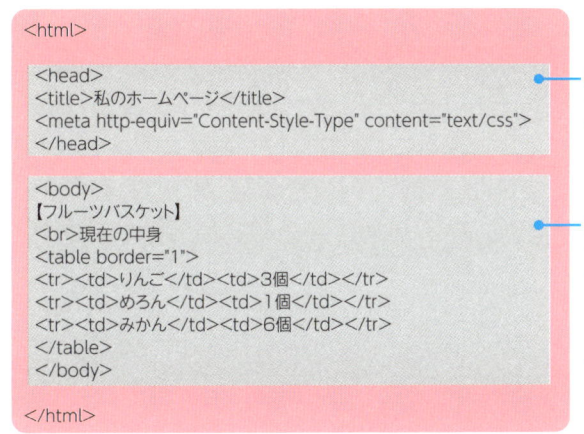

```
<html>

    <head>
    <title>私のホームページ</title>
    <meta http-equiv="Content-Style-Type" content="text/css">
    </head>

    <body>
    【フルーツバスケット】
    <br>現在の中身
    <table border="1">
    <tr><td>りんご</td><td>3個</td></tr>
    <tr><td>めろん</td><td>1個</td></tr>
    <tr><td>みかん</td><td>6個</td></tr>
    </table>
    </body>

</html>
```

HEAD セクション
<title>タグは、ページのタイトルを指定します。
<meta>タグは、いろいろな目的で使われるタグです。この例では、スタイルシートの基準言語を指定しています。

BODY セクション

タグは、その位置に改行を入れます。
<table>タグ、<tr>タグ、<td>タグを使って表を作ります。
表全体を<table>と</table>で囲みます。各行を<tr>と</tr>で囲みます。各列を<td>と</td>で囲みます。

このHTML文書をブラウザで見ると、以下のような表示になります。

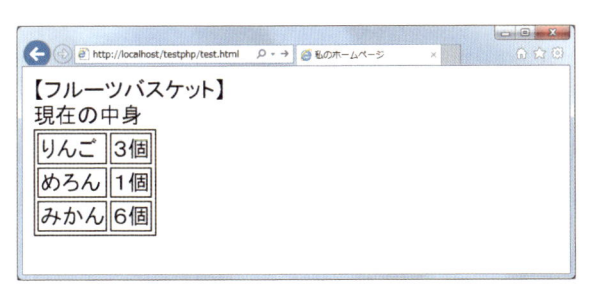

```
【フルーツバスケット】
現在の中身
┌────┬──┐
│りんご│3個│
├────┼──┤
│めろん│1個│
├────┼──┤
│みかん│6個│
└────┴──┘
```

● 図3.6　HTMLの構成

CHAPTER 3　Webってどんな仕組みなの?

　Webブラウザは、このようなHTML言語を解釈し、画面を生成して表示します。つまり、動的なページをプログラムで作るということは、このようなHTML言語で構成されたデータを出力するのが目的なのです。

　そのため、Webアプリケーションの開発者は、HTML言語やスタイルシートについて、ある程度は知っておく必要があります。Web上には、HTMLやスタイルシートのリファレンスサイトが数多く存在しますので、自分のお気に入りのリファレンスサイトを見つけておくとよいでしょう。

　本書では、表3.1に示すHTMLタグを主に使用します[注3]。

●表3.1　本書で使うHTMLタグ

タグ分類	HTMLタグ
基本的なタグ	`<html>` `</html>`、`<head>` `</head>`、`<body>` `</body>`
表を作るタブ	`<table>` `</table>`、`<tr>` `</tr>`、`<td>` `</td>`
多目的タグ	`<meta>`
改行	` `
HTMLフォーム	`<form>` `</form>`、`<input>`、`<select>` `</select>`、`<option>` `</option>`

要点整理

- ✔ URLを指定することにより、アクセス先のサーバとファイル名を特定します。
- ✔ PHPを始めとするプログラムが処理を行うことにより動的なページを作れます。
- ✔ Webページは、基本的にHTML言語で作られた文書からできています。

TIPS　(注3)　本書ではPHP言語を学ぶことが主目的なので、HTMLタグについては最小限のもののみ扱うことにしています。

CHAPTER

4

はじめてのPHPプログラム

さて、やっと初めてのPHPプログラムを作るときがやってきました。むずかしく構えることはありません。まずは、プログラムを作って動かすまでの作業にゆっくりと慣れていきましょう。

| 4-1 | プログラムを作って動かしてみよう | P.48 |
| 4-2 | 基本的なルール | P.52 |

CHAPTER 4　はじめてのPHPプログラム

4-1　プログラムを作って動かしてみよう

いよいよPHPによるプログラミングのスタートです。まずは、簡単なプログラムを作って動かしてみましょう。

4-1-1　はじめてのPHPプログラム

以降の手順にしたがって、PHPのプログラムを作っていきましょう。作ったプログラムを実行させると、Webブラウザ上に図4.1のように表示されます。

● 図4.1　はじめて作るプログラムの実行結果

作ってみよう　Webブラウザにメッセージを表示するプログラム

Step1　テキストエディタを開く

スタートメニューから「すべてのプログラム」→「TeraPad」→「TeraPad」を選択して、TeraPadを起動します。

Step2　コードを入力する

リスト4.1のコードを入力します。

▼ リスト4.1　Webブラウザにメッセージを表示する(hello.php)

```php
 1: <?php
 2:     header('Content-type: text/html; charset=UTF-8');
 3: ?>
 4: <html>
 5: <body>
 6: <?php
 7:     echo 'はじめてのPHPプログラム';
 8: ?>
 9: </body>
10: </html>
```

7行目のechoの後、'(シングルクォーテーション)の前には、半角スペースが1文字入っています。英字と以下の記号は、半角文字で入力してください。

```
< ? > ' ;
```

Step3 書いたコードを保存する

入力し終わったら次のファイル名で保存します。本書では保存時に、文字エンコーディングを「UTF-8N」に、改行コードを「CR LF」に設定する必要があります。

`C:¥xampp¥htdocs¥testphp¥hello.php`

TeraPadでは、画面右下に現在設定されている文字エンコーディングと改行コードが図4.2のように表示されます。その表示を確認し、次に示す①または②のどちらかの手順で保存を行ってください。

①「UTF-8N CRLF」と表示されている場合

文字エンコーディングと改行コードは正しいので、TeraPadのメニューから「ファイル」→「名前を付けて保存(A)...」または「上書き保存(S)」をクリックして保存してください。

②「UTF-8N CRLF」と表示されていない場合

TeraPadのメニューから「ファイル」→「文字/改行コード指定保存(K)...」をクリックします。文字/改行コード指定保存の画面が表示されるので、図4.3のように文字コードと改行コードを指定して「OK」ボタンをクリックしてください。

● 図4.2 TeraPad画面の右下部分の表示

● 図4.3 TeraPadの文字/改行コード指定保存画面

CHAPTER 4　はじめてのPHPプログラム

Step4 **Webブラウザで動作を確認する**

Webサーバが起動していること確認してください。Webサーバが起動していない場合は起動してください。Webサーバの起動が確認できたら、Webブラウザを起動し、次のURLにアクセスします。

http://localhost/testphp/hello.php

最初に示した、図4.1のような結果が表示されれば成功です。はじめて作ったPHPのプログラムは正しく実行されたことになります。

4-1-2　エラーが表示された場合の対処

作ったプログラムをWebブラウザから実行したときに、画面が真っ白で何も表示されなかったり、次のようにエラーが表示されたりして、正しく動かない場合があるかもしれません。

> **Parse error**: syntax error, unexpected ';' (T_STRING), expecting ',' or ';' in **C:\xampp\htdocs\testphp\hello.php** on line 7

● エラー表示の例

正しく動かない場合は、作業のどこかに誤りがある可能性があります。以下の点をもう一度確認してください。

- リスト4.1の内容が合っているか
- リスト4.1の内容をすべて半角文字で入力しているか
- リスト4.1の内容に全角スペースが入っていないか
- ファイル名 (hello.php) が合っているか
- 保存したフォルダ (C:¥xampp¥htdocs¥testphp) が合っているか
- WebブラウザのURLアドレス欄に指定した内容 (http://localhost/testphp/hello.php) が合っているか

4-1-3　プログラムは命令文の集まり

PHPの文法については、以降で詳しく説明しますが、今回作ったプログラムについて簡単に説明しておきます。

リスト4.1では、headerとechoというPHPの命令を使いました。2行目では、header命令を使って、文字エンコーディングの指定を行っています (リスト4.2)。

▼ リスト4.2　header命令

```
1: <?php
2:     header('Content-type: text/html; charset=UTF-8');
3: ?>
```

　WebブラウザからWebサーバにアクセスしたとき、WebブラウザとWebサーバは「ヘッダ情報」という目には見えないデータをやりとりしています。リスト4.1の2行目のheader命令では「今から送るデータはHTML文書で、文字エンコーディングはUTF-8ですよ」ということを、Webブラウザに知らせています(注1)。

　echo命令を使うと、echoの後ろに記述したデータがWebブラウザに送られ、結果としてその内容が表示されます。今回は文字列（文字が並んだデータ）を表示させましたが、文字列は'（シングルクォーテーション）もしくは"（ダブルクォーテーション）で囲みます。

　ブラウザに出力する命令としては、ほかにもprint命令がありますが、詳しくは4-2-5で説明します。

　さて、初めてPHPのプログラムを作ってみていかがでしたか？

　このように、PHPでプログラムを作るには、PHPで用意されている命令を組み合わせながら、コードを書いていきます。まだよくわからないことがあるかもしれませんが大丈夫です。まずは、プログラムを書くことに慣れていきましょう。

COLUMN

コードにインデントを入れる

　リスト4.1の2行目と7行目では先頭に少し空欄がありますが、これは見やすくするために、わざとずらして書いています。このことを「**インデントを入れる**（字下げする）」といいます。

　インデントを入れるには、タブ（TABキーを押す）や半角スペースを使います。全角文字は使えないので注意してください。

仕事の現場など、開発をチームで行っている場合は、インデントについては規約として決められていることが多いのでそれに従ってください。

　本書では、タブ（4文字幅）を適宜入れる方法を使います。

TIPS　（注1）　本書で作成するPHPプログラムの先頭には、基本的にリスト4.2の3行を記述してください。<HTML>タグの前に書く必要がありますので、たいていはコードの先頭部分に記述することになります。

CHAPTER 4　はじめてのPHPプログラム

4-2 基本的なルール

普段私たちが使っている日本語に文法があるように、プログラミング言語にも文法があります。PHPの基本的な文法について学習していきましょう。

4-2-1 ▶ PHPファイルの拡張子はphp

　一般に、ファイル名のうちピリオドで区切った後ろの部分が「拡張子」となっています。PHPのプログラムを書いたファイルには、「php」の拡張子を付けます。

　ファイル名は自由に付けられますが、半角の英字、数字、記号のみを使うのが一般的です。

```
hello.php
```
拡張子「php」をつける

● 図4.4　PHPのプログラムには、拡張子phpをつける

　Webブラウザから要求したファイル名の拡張子が「php」であると、Webサーバは「要求されたファイルはPHPのプログラム」であると判断し、PHPの処理エンジンに処理を依頼します（図4.5）。

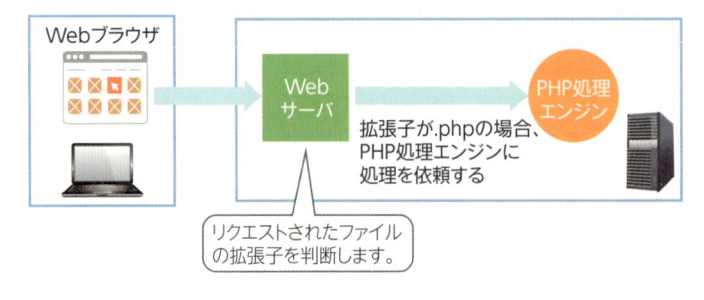

● 図4.5　Webサーバは拡張子を判断する

4-2-2 PHP用のタグで囲む

　PHPは、HTML文書の中に埋め込んで記述するプログラミング言語です。HTML文書の中では、**<?php**と**?>**によって囲まれた部分がPHPのプログラムになります（図4.6）。

```
<?php
    header('Content-type: text/html; charset=UTF-8');
?>
<html>
<body>
<?php
    echo    'はじめてのPHPプログラム';
?>
</body>
</html>
```

この間がPHPのプログラムになります。
この間もPHPのプログラムです。

● 図4.6　<?phpと?>で囲む

　<?phpと?>のペアは、HTML文書中に何度でも記述できます。<?phpが出てくれば、HTMLモードからPHPモードに切り替わり、?>によって、再びHTMLモードに戻るという仕組みです(注2)。

4-2-3 命令文の区切りはセミコロン

　リスト4.1では、2行目と7行目にPHPの命令文を書いています。「header」や「echo」がPHPに備わっている命令です。PHPでは、命令文の終わりには;（セミコロン）を付ける決まりになっています（図4.7）。

```
<?php
    header('Content-type: text/html; charset=UTF-8');
?>
<html>
<body>
<?php
    echo    'はじめてのPHPプログラム';
?>
</body>
</html>
```

命令文の終わりには、;（セミコロン）を付けます。

● 図4.7　命令の終わりにセミコロン

> **TIPS** （注2） PHPファイルの中がPHPのプログラムのみで記述されている場合、ファイル内の末尾の?>を省略できます。

4-2-4 説明はコメントで書く

コメントとは、プログラム中に書き込める注釈のことです。コメントは単なる説明文なので、プログラムの実行には影響を与えません。

コメントの書き方には、以下の3通りがあります。

```
//　単一行コメント1

#　単一行コメント2

/*　複数行コメント　*/
```

最初の2つは、//（2つのスラッシュ）もしくは#（シャープ）の文字以降、行末までの部分がコメントになります。また、/* と */で囲むと、囲まれた部分はコメントになります。この方法では、以下のように複数行に渡ったコメントを書けます。

```
/*
    これは
    複数行にまたがる
    複数行コメントです
*/

/*　これも
    複数行のコメント
    です。              */
```

プログラムにコメントを入れた例を示します。文字に色がついた部分がコメントです。

```php
<?php
    //　文字エンコーディングを指定する
    header('Content-type: text/html; charset=UTF-8');
?>
<html>
<body>
<?php
    /* echoの後ろに書いた内容は
       ブラウザに出力される      */
    echo　'はじめてのPHPプログラム';
?>
</body>
</html>
```

4-2-5 ▶ Webブラウザへ出力する

　echo命令を使うと、echoの後ろに記述したデータがWebブラウザに送られ、結果としてその内容が表示されました。ブラウザに出力するには、ほかにもprintという命令を使えます。ブラウザ上で表示を改行させるには、HTMLタグの
や<p></p>などを出力する方法があります。本書では主に
タグを使うことにします。それではここで、もう1つプログラムを作ってみましょう。

作ってみよう ✣ Webブラウザにメッセージを表示するプログラム

Step1 エディタでコードを入力する

エディタにリスト4.3のコードを入力して、以下のファイル名で保存します。

・ファイル名
C:¥xampp¥htdocs¥testphp¥print.php

▼ リスト4.3　ブラウザに表示するプログラム (print.php)

```php
<?php
    header('Content-type: text/html; charset=UTF-8');
?>
<html>
<body>
<?php
    echo "みなさん、", "おはようございます。<br>", PHP_EOL;
    print "お目覚めは" . "いかがですか？<br><br>" . PHP_EOL;
    echo "小鳥のさえずりが聞こえます。<br>", PHP_EOL;
    echo "さあ、今日も元気にがんばりましょう。<br>", PHP_EOL;
?>
</body>
</html>
```

Step2 Webブラウザで動作を確認する

Webブラウザから以下のURLにアクセスします。

http://localhost/testphp/print.php

すると、Webブラウザに図4.8のような結果が表示されます。

CHAPTER 4　はじめてのPHPプログラム

> みなさん、おはようございます。
> お目覚めはいかがですか？
>
> 小鳥のさえずりが聞こえます。
> さあ、今日も元気にがんばりましょう。

● 図4.8　実行結果

　echoまたはprintを使うと、ブラウザに表示させるデータを出力できます。文字列（文字が並んだデータ）は、'（シングルクォーテーション）もしくは"（ダブルクォーテーション）で囲みます。echoとprintでは次の点が異なります。

　echoは、,（カンマ）で区切って複数の文字列を出力できます。

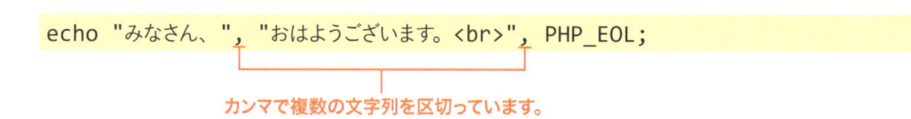

```
echo "みなさん、", "おはようございます。<br>", PHP_EOL;
```
　　　　　　　　　　↑
　　　　カンマで複数の文字列を区切っています。

　それに対して、printは1度に1つの文字列しか出力できません。リスト4.3の例では、複数の文字列を.（ピリオド）でつないでいます。詳しくは、第8章で説明しますが、.（ピリオド）を使うと複数の文字列を連結できます。

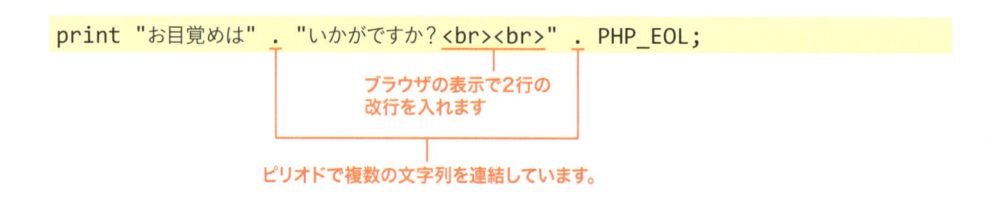

```
print "お目覚めは" . "いかがですか？<br><br>" . PHP_EOL;
```
　　　　　　　　　　↑
　　　　ブラウザの表示で2行の
　　　　改行を入れます

　　　　ピリオドで複数の文字列を連結しています。

　ブラウザの表示の見た目で改行させる位置に
タグを出力しました。
を複数出力すると、出力した数だけ改行されます。

　文字列の末尾に見慣れない「PHP_EOL」の記述があります。これは、ソースを見やすくするために入れた改行です[注3]。どういう意味かというと、実際にソースを見てみるとわかります。3-2-1でも説明しましたが、ブラウザに表示中の画面はHTML言語のコードからなります。その内容を確認してみましょう。

> **TIPS**　（注3）　PHP_EOLは改行コードをあらわす定数で、PHPで定義されています。PHP_EOLを使うとOS環境に合った適切な改行コードを出力できます。

次のようなソースコードになっています。

```
<html>
<body>
みなさん、おはようございます。<br>
お目覚めはいかがですか？<br><br>
小鳥のさえずりが聞こえます。<br>
さあ、今日も元気にがんばりましょう。<br>
</body>
</html>
```

このソースコードの3行目から6行目を見ると、
タグの後ろが改行されていますよね。このように改行されているのは、プログラムからPHP_EOLを出力したからなのです。もしPHP_EOLを出力しないと、以下のような見づらいコードになってしまいます。

```
<html>
<body>
みなさん、おはようございます。<br>お目覚めはいかがですか？<br><br>
小鳥のさえずりが聞こえます。<br>さあ、今日も元気にがんばりましょう。<br></body>
</html>
```

※紙面の上では改行されているように見えますが、実際は「みなさん、おはようございます。」から「</body>」までが1行になります。

適宜PHP_EOLを出力すると、ソースコードを確認するときに見やすくなります。

要点整理

- ✔ PHPプログラムのファイルには、phpの拡張子を付けます。
- ✔ <?php と ?>で囲んだ中にPHPのコードを記述します。
- ✔ プログラムの中では、コメントを使って説明を書きます。
- ✔ 命令文の終わりには、；(セミコロン)を付けます。
- ✔ Webブラウザに表示させるには、echo命令やprint命令を使います。

CHAPTER 4 はじめてのPHPプログラム

練習問題

問題1. Webサーバにおいて、Webサイトを構成するファイル（HTMLファイルやPHPファイルなど）を置くフォルダの最上位階層をあらわす名称を、次から選択してください。

① ローカルホスト
② ドキュメントルート
③ ディレクトリ
④ Webコンテンツ

問題2. リストAは、Webブラウザ画面に図Aのように表示するプログラムです。「食欲の秋です。」の後ろを改行して表示させるように、空欄①を埋めてください。

▼ リストA

```
 1: <?php
 2:     header('Content-type: text/html; charset=UTF-8');
 3: ?>
 4: <html>
 5: <body>
 6: <?php
 7:     echo '食欲の秋です。    ①    旬の味覚を楽しみましょう。';
 8: ?>
 9: </body>
10: </html>
```

```
食欲の秋です。
旬の味覚を楽しみましょう。
```

● 図A　リストAの実行結果

CHAPTER 5

データを取り扱うには

データってどこからやってくるのでしょう？Webアプリケーションの場合、ユーザが画面から入力したデータやファイル／データベースから取得したデータなどを扱います。その他にもWebブラウザから自動的に送られてくるデータや、現在日時などのコンピュータ自身から取得するデータもあります。プログラムというものは、さまざまなデータを扱いながら処理をこなしていきます。

5-1	データの入れ物ー変数	P.60
5-2	データの種類	P.65
5-3	文字列について	P.69
5-4	変わらない値ー定数	P.74
5-5	特別な変数と定数	P.78

CHAPTER 5　データを取り扱うには

5-1 データの入れ物－変数

プログラムでは、変数というデータの入れ物を使います。さまざまなデータを変数に入れたり出したりしながら、データに応じた処理を行っていきます。

5-1-1 　変数とは？

変数（へんすう）は、そのまま読んで解釈すると、「ヘンな数」となってしまいそうですが、おかしな数でも変わった数でもありません。変数は、英語でvariableといいますので、「変化できる数」という意味が近いでしょう。

変数は、よく箱にたとえられます。何を入れる箱かというと、プログラムの処理で使うデータを入れる箱です（図5.1）。

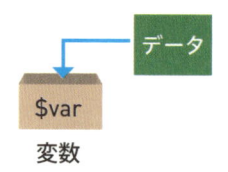

● 図5.1　データの入れ物－変数

しかし、実際のところはコンピュータの中に箱が入っているわけではありません。コンピュータにはメモリと呼ばれるデータを記憶できる装置が含まれています。プログラムの処理中に扱うデータは、メモリのある一部の領域に保存されます。プログラムから簡単に使えるように、その領域に名前を付けたものが変数です。

変数を使うと、一時的にデータを保存しておき、別のいろいろな場所でそのデータを使うことができます。

5-1-2 ▶ 変数に名前を付ける

変数には皆さんが名前を付けます。次に示すルールに従えば、自由に名前を付けられます。名前を付けるときのルールを命名規則といいます。

> ● 変数の命名規則
> - $（ダラー）から始まります。
> - 半角英数字と_（アンダーバー）が使えます。
>   ただし、数字は先頭文字（$の直後）には使えません。
> - 英字の大文字、小文字は区別されます。

また、変数名にPHPの予約語は使えません。予約語とは、PHPの言語仕様ですでに使われている特別な語のことです。最新版のPHPの予約語については、オンラインのPHPマニュアル(注1)を参照してください。

図5.2に、変数名として使える例と使えない例を示します。

```
変数名として使える例
 $var
 $hen123
 $_hensu

変数名として使えない例
 var          ← $で始まっていないのでダメ
 $123hen      ← 先頭文字が数字なのでダメ
 $pa%t        ← 英数字、アンダーバー以外はダメ
```

● 図5.2　変数名の例

英字の大文字と小文字は区別されますので、$hensuと$HENSUはまったく別の変数になります。変数名を見ただけで、どのような用途で使うのか理解できるように、わかりやすい名前を付けましょう。

5-1-3 ▶ 変数の使い方

変数を使うには、以下の流れになります。

① 変数にデータを入れる
② 変数に入れたデータを見る

①の「変数にデータを入れる」操作を**代入**といいます（図5.3）。

TIPS　（注1）　PHPマニュアルのURL（http://www.php.net/manual/ja/index.php）から「付録」→「予約語の一覧」とリンクをたどると予約語の一覧が表示されます。

CHAPTER 5　データを取り扱うには

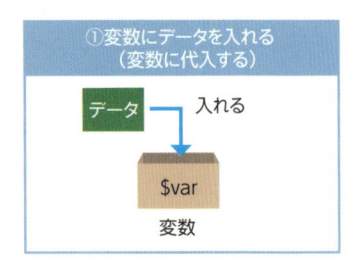

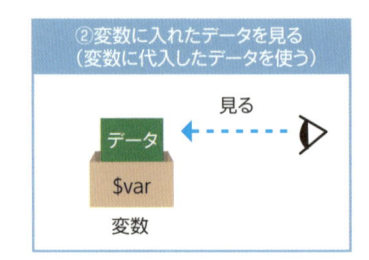

●図5.3　変数の使い方

5-1-4 ▶ 変数にデータを入れる

変数にデータを代入するには、以下のように書きます。

> **構文**　$変数名 = 変数に代入する値;

＝（イコール）の右側に書いたデータが変数に入ります。＝は代入演算子という演算子の一つです（演算子については、**第8章**で説明します）。

変数にデータを入れたときのイメージは、図5.4のようになります。

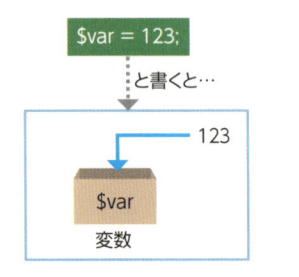

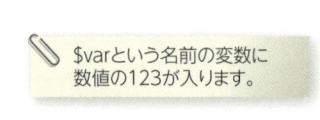

$varという名前の変数に数値の123が入ります。

●図5.4　変数に代入する

変数には数値や文字列（文字が並んだデータ）など、いろいろなデータを入れることができます。以下に例を示します。

```
$no1 = 123;              // 整数を入れています。

$no2 = 267.769;          // 小数点数を入れています。

$no3 = 2 + 3;            // 計算した結果を入れることもできます。
                         // （この例では、$no3に5が入ります）

$str1 = 'こんにちは';     // 文字列を入れています。

$str2 = "おなかがすきました";  // これも文字列を入れています。
```

文字列を扱うときは、'（シングルクォーテーション）または"（ダブルクォーテーション）で囲んでください。

変数に値を一度入れた後、同じ変数に違う値を入れ直すこともできます。変数は、何度でも入れ替え可能です。

```
$var = 123;
$var = 'おはよう！';       // 123から'おはよう！'に入れ替えました。
```

5-1-5 ▶ 変数に入れたデータを使う

変数に入れたデータを使うのは簡単です。使いたい場所で変数名を書くだけです。たとえば、以下のコードでは、echo命令で変数$str1に入っている値を表示しています。

```
$str1 = 'こんにちは！';
echo 'みなさん、', $str1;
```

この結果、Webブラウザには以下のように表示されます。

```
みなさん、こんにちは！
```

PHPに限りませんがどのようなプログラムも変数を利用しながら、さまざまな処理を行います。変数はプログラミングの基礎の基礎とも言える大切な概念です。

それでは、変数を使ったプログラムを作ってみましょう。

CHAPTER 5　データを取り扱うには

作ってみよう　変数を使うプログラム

Step1　エディタでコードを入力

エディタにリスト5.1のコードを入力して、以下のファイル名で保存します。

C:¥xammp¥htdocs¥testphp¥hensu1.php

▼ リスト5.1　変数を使うプログラム（hensu1.php）

```php
 1: <?php
 2:     header('Content-type: text/html; charset=UTF-8');
 3: ?>
 4: <html>
 5: <body>
 6: <?php
 7:     $no = 3;              // あなたが住んでいる階数を入力してください。
 8:
 9:     echo '私は', $no, '階に住んでいます。';
10: ?>
11: </body>
12: </html>
```

Step2　Webブラウザで動作を確認

Webブラウザから以下のURLにアクセスします。

http://localhost/testphp/hensu1.php

すると、Webブラウザに図5.5のような結果が表示されます。

```
私は3階に住んでいます。
```

● 図5.5　実行結果

5-2 データの種類

プログラムではいろいろなデータを取り扱いますが、データの種類を「データ型」と呼びます。PHPに用意されているデータ型について説明していきます。

5-2-1 値ということば

健康診断を受けると、血圧値や血糖値を計測する場合があります。この血圧値や血糖値に付いている「値」という言葉があります。

「値（あたい）」という言葉は、なかなか日常生活ではなじみがないかもしれません。プログラム中で使われる数字や文字などのデータを**値**と呼びます（図5.6）。

123　-7.03　'こんにちは'　-43　'ABCDE'　567.89

値（あたい）
プログラムの中で使われる数値や文字などのデータを指します。

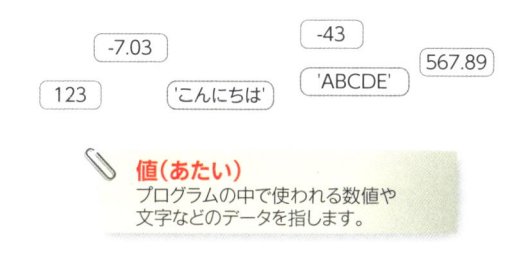

● 図5.6　値とは

5-2-2 データ型

プログラムで扱うデータの種類を**データ型**といいます。単に、**型**（かた）と呼ばれる場合もあります。PHPの主なデータ型を表5.1に示します。

● 表5.1　主なデータ型

型の種類	分類
整数型（integer）	スカラー型
浮動小数点型（float）	スカラー型
文字列型（string）	スカラー型
論理型（boolean）	スカラー型
配列（array）	複合型
ヌル型（NULL）	特殊な型

配列は複数の値を保持する型で、複合型に分類されます。数値や文字列などの単独の値を保持する型は**スカラー型**と呼ばれます。

● 整数型（integer：インテジャー）

整数を扱います。123や-123などのように数値を書くと、10進数として扱われます。8進数と16進数の表記も可能です。

```
$hensu = 1234;          // 10進数の1234を代入
$hensu = -123;          // 10進数の-123を代入
$hensu = 0123;          //  8進数の123を代入
$hensu = 0x1A;          // 16進数の1Aを代入
```

8進数を表すには、数の前に0（数字のゼロ）を付けます。また、16進数を表すには、数の前に0x（数字のゼロと英字のx）を付けます。

● 浮動小数点型（float：フロート）

小数点付きの数を扱います。

```
$aaa = 1.234;           // 1.234を代入
$bbb = -1.234;          // -1.234を代入
```

● 文字列型（string：ストリング）

文字が連結されたものを**文字列**といいます。文字列を表す方法はいくつかありますが、'（シングルクォーテーション）もしくは"（ダブルクォーテーション）で文字列を囲むのが簡単な方法です。

```
$aaa = 'PHPの勉強';      // ' 'で囲む
$bbb = "PHPの勉強";      // " "で囲む
```

● 論理型（boolean：ブーリアン）

真（しん）または偽（ぎ）のどちらかの値を表します[注2]。データの値は、TRUEまたはFALSEのどちらかです。TRUEとFALSEは、true、falseのように小文字で書くこともできます。論理型は、bool型（ブール型）やboolean型（ブーリアン型）とも呼ばれます。論理型は、条件判定した結果などの状態を表すために使います。

```
$aaa = TRUE;            // TRUEを代入
$bbb = FALSE;           // FALSEを代入
```

TIPS （注2） 真と偽の概念については、9-2で説明します。

● ヌル型（NULL）

変数にNULLを入れると、その変数が値を持たないことを表します。nullとも書けます。一度定義した変数を未定義にするために使います。

```
$aaa = NULL;            //  NULLを代入
```

◆ ◆ ◆

それでは、いろいろなデータ型の値を使ったプログラムを作ってみましょう。

作ってみよう ✛ いろいろなデータ型の値を使うプログラム

Step1 エディタでコードを入力

エディタにリスト5.2のコードを入力して、以下のファイル名で保存します。

C:¥xammp¥htdocs¥testphp¥hensu2.php

▼ リスト5.2　いろいろなデータ型の値を使うプログラム（hensu2.php）

```php
 1: <?php
 2:     header('Content-type: text/html; charset=UTF-8');
 3: ?>
 4: <html>
 5: <body>
 6: <?php
 7:     $var = 3;
 8:     echo '[整数型] ', $var, '<br>', PHP_EOL;
 9:
10:     $var = 23.456;
11:     echo '[浮動小数点型] ', $var, '<br>', PHP_EOL;
12:
13:     $var = 'あいうえお';
14:     echo '[文字列型] ', $var, '<br>', PHP_EOL;
15: ?>
16: </body>
17: </html>
```

Step2 Webブラウザで動作を確認

Webブラウザから以下のURLにアクセスします。

http://localhost/testphp/hensu2.php

すると、Webブラウザに図5.7のような結果が表示されます。

```
[整数型] 3
[浮動小数点型] 23.456
[文字列型] あいうえお
```

●図5.7　実行結果

5-2-3 ▶ キャスト

リスト5.2のプログラムでは、変数$varに次々と異なる型のデータを代入しました。代入するたびに$varのデータ型は自動的に変化します。このように、データ型が変わることを**型変換**といいます。

自動的にではなく明示的に型変換を行うことも可能です。明示的に型変換を行うことを**キャスト**といいます。キャストを行うには、変換したい値の直前に**表**5.2に示す記述をします。

●表5.2　主なキャスト

書き方	意味
(int) または (integer)	整数型に変換する
(float)	浮動小数点型に変換する
(boolean) または (bool)	論理型に変換する
(string)	文字列型に変換する

以下に、小数点型の数値を整数型にキャストする例を示します。

```
$var = 123.456;
echo '$varは、', $var, '<br>';
echo '$varは、', (int)$var, '<br>';
echo '$varは、', $var, '<br>';
```

この結果、Webブラウザには以下のように表示されます。

```
$varは、123.456
$varは、123
$varは、123.456
```

3行目では、$varを整数型(int)にキャストした値を出力しています。整数型にキャストされたので、小数点以下を切り落とされた123が表示されました。

キャストをしたことにより、キャストされた側の変数の型が変わることはありません。4行目ではそのことを確認しています。

5-3 文字列について

プログラムで頻繁に扱うデータの1つに文字列があります。文字列は文字を並べてくっつけたものです。ここでは、文字列に関連するさまざまな用法について説明します。

5-3-1 ▶ 文字列の囲み文字による違い

文字列のデータは、'(シングルクォーテーション)または"(ダブルクォーテーション)で囲みますが、これらの2種類のクォーテーションには、プログラムの動作に違いがあります。それは、以下の2点についての動作です。

- エスケープシーケンス
- 変数の展開

以降では、これらの動作について説明していきます。

5-3-2 ▶ エスケープシーケンス

"(ダブルクォーテーション)で囲んだ文字列の中には、**エスケープシーケンス**という特殊な文字を含めることができます。

たとえば、"ただいま外出中です。"という文字列の中に、"(ダブルクォーテーション)の文字を含める場合を考えてみます。この文字列の中の「外出中」の前後にダブルクォーテーションを入れてみましょう。

もし以下のように書いたら、どうなるでしょう?

```
echo "ただいま"外出中"です。";
```

これらの"は文字列を囲むための文字? それとも"という文字?

「外出中」の前後の"が、文字列を囲むためのものなのか、文字としてのダブルクォーテーションなのか、判断が付きません。実際にこのecho文を実行するとエラーが発生してしまいます。

これを対処するには、次のように書くことができます。

```
echo "ただいま¥"外出中¥"です。";
```

"で囲んだ文字列の中で「¥"」と記述すると、文字の"として扱われます。

CHAPTER 5　データを取り扱うには

この結果、Webブラウザには以下のように表示されます。

```
ただいま"外出中"です。
```

「¥"」のような「¥」と組み合わせた表記は、エスケープシーケンスと呼ばれ、特殊な文字を表すために使われます。主なエスケープシーケンスを**表**5.3に示します。

● 表5.3　主なエスケープシーケンス

エスケープシーケンス	意味
¥n	ラインフィード（LF）
¥r	キャリッジリターン（CR）
¥t	水平タブ（HT）
¥¥	¥（バックスラッシュ）
¥$	$（ダラー）
¥"	"（ダブルクォーテーション）
¥'	'（シングルクォーテーション）

エスケープシーケンスは、"（ダブルクォーテーション）で囲んだ文字列の中で使います。ただし例外があり、**表**5.3の一番下の「¥'」は、"で囲んだ文字列の中では使いません。"で囲んだ文字列の中で'はそのまま記述できるので、以下のような書き方が可能です。

```
echo "ただいま'外出中'です。";
```

"で囲んだ文字列の中で、'はそのまま書けます。

これを実行すると、Webブラウザには以下のように表示されます。

```
ただいま'外出中'です。
```

'（シングルクォーテーション）で囲んだ文字列の中では、「¥'」と「¥¥」のエスケープシーケンスが使えます。次に例を示します。

```
echo 'ただいま¥'外出中¥'です。';
```

'で囲んだ文字列の中で「¥'」と記述すると、文字の'として扱われます。

この結果、Webブラウザには以下のように表示されます。

```
ただいま'外出中'です。
```

5-3-3 　変数の展開

"（ダブルクォーテーション）で囲んだ文字列と'（シングルクォーテーション）で囲んだ文字列では、さらに動作に異なる点があります。それは、「変数の展開」についてです。

　文字列の中に変数を書くと、その扱い方が両者では異なります。違いを比較してみましょう。以下のコードを見てください。文字列をシングルクォーテーションで囲んでいます。

```
$no = 3;
echo '私は、$no 階に住んでいます。';
```
※$noの後ろには、スペースを1文字入れています。

この結果、Webブラウザには以下のように表示されます。

```
私は、$no 階に住んでいます。
```

$noという文字がそのまま表示されました。次に、文字列の囲みをダブルクォーテーションに変えてみます。

```
$no = 3;
echo "私は、$no 階に住んでいます。";
```
※$noの後ろには、スペースを1文字入れています。

この結果、Webブラウザには次のように表示されます。

```
私は、3 階に住んでいます。
```

　今度は、変数$noに入っている3という数字が表示されました。
　このように、"（ダブルクォーテーション）で囲まれた文字列の中に変数を書くと、その変数の値が出力されます。
　この例のように、変数を"（ダブルクォーテーション）で囲んだ文字列の中に入れて、その変数の値を使うことを「**変数を展開する**」といいます。

5-3-4 ヒアドキュメント

文字列を作る別の方法として、**ヒアドキュメント**があります。ヒアドキュメントを使うと、複数行に渡って記述した内容を文字列にすることができます。ヒアドキュメントの構文[注3]を以下に示します。

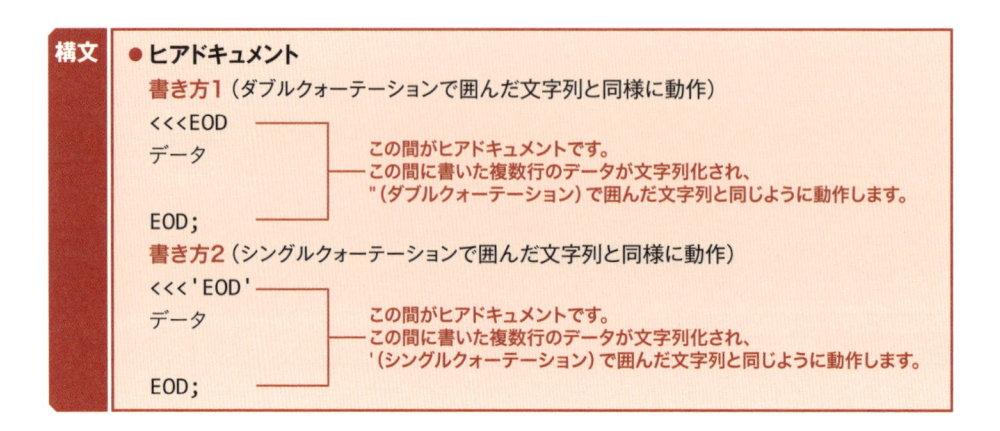

構文	●ヒアドキュメント
	書き方1（ダブルクォーテーションで囲んだ文字列と同様に動作） `<<<EOD`　┐ `データ`　　├─ この間がヒアドキュメントです。 　　　　　　　この間に書いた複数行のデータが文字列化され、 　　　　　　　"（ダブルクォーテーション）で囲んだ文字列と同じように動作します。 `EOD;`　　┘ **書き方2**（シングルクォーテーションで囲んだ文字列と同様に動作） `<<<'EOD'`┐ `データ`　　├─ この間がヒアドキュメントです。 　　　　　　　この間に書いた複数行のデータが文字列化され、 　　　　　　　'（シングルクォーテーション）で囲んだ文字列と同じように動作します。 `EOD;`　　┘

ヒアドキュメントは、開始と終わりをID文字（識別用の文字）で囲みます。上記の構文説明でのEODがID文字です。

<<<（小なり記号を3つ）に続けて開始IDを書き改行を入れます。終了IDの後ろには；（セミコロン）を書き、その後ろに改行を必ず入れます。終了IDは必ず行頭に書かなければならないという決まりがあります。開始と終了のID文字は一致していればよいので、「EOD」ではない別の名前にしても構いません。

書き方1と書き方2の違いは、開始IDを'（シングルクォーテーション）で囲むかどうかです。

書き方1（'で囲まない）では、開始IDと終了IDの間の記述が文字列化され"（ダブルクォーテーション）で囲まれた文字列と同じように動作します。

書き方2（'で囲む）では、開始IDと終了IDの間の記述が文字列化され'（シングルクォーテーション）で囲まれた文字列と同じように動作します。

ヒアドキュメントを使った例を以下に示します。

```
$name = 'ラーメン';
$str = <<<EOD
お昼になりました。<br>
$name を食べに行きましょう。
EOD;

echo $str;
```

> **TIPS** （注3）　PHP 5.3.0以降、開始IDの行を「<<<"EOD"」のように、開始IDを"で囲むことが可能です。なお、書き方2は、PHP 5.3.0以降で追加された「Nowdoc」と呼ばれる書き方です。

この結果、Webブラウザには以下のように表示されます。

```
お昼になりました。
ラーメン を食べに行きましょう。
```

<<<EODとEOD;で囲まれた部分は、"(ダブルクォーテーション)で囲まれた文字列と同じ動作をします。よって、変数$nameが展開されて、「ラーメン」と出力されました。

COLUMN

変数の展開について

PHPマニュアルでは、変数の展開に関する以下のような注意書きがあります。

> 注意：文字列内での変数のパースは、文字列の連結に比べてよりメモリを消費します。メモリの使用量をできるだけ抑えたPHPスクリプトを書きたいのなら、変数のパースを用いるのではなく、連結演算子(.)を使用しましょう。

「変数のパース」とは、変数の展開を意味しています。文字列内で変数の展開を行うと文字列の連結を行うよりもメモリの消費量が多くなる、という説明をしています。なお、文字列の連結については8-3-2で説明します。

変数の展開が目的で文字列内に変数名を書くときには、変数名の終わりを明確にするために処置する必要があります。以下の例では、$noの後ろに半角スペースを1文字入れています。

```
echo "私は、$no 階に住んでいます。";
```

これは、変数名が「$no」であることをPHPの処理エンジンにわからせるためです。このスペースを取ってしまうと、変数名が「$no」とは認識されない場合があります。認識されるかされないかは、「$no」の後ろに続いている文字の種類やソースコードの文字エンコーディングなどによって異なります。半角スペースは変数名としては絶対に使われない文字なので、変数名の終わりを示す区切りとして使えるのです。もしスペースを使いたくない場合は、以下の2種類の書き方が可能です。

なお、どちらかといえば①の書き方のほうが一般的のようです。

```
echo "私は、{$no}階に住んでいます。";  ①
echo "私は、${no}階に住んでいます。";  ②
```

このように変数の展開には注意すべき点があるため、本書では変数の展開をほとんど行わないコーディングスタイルをとっています。

5-4 変わらない値-定数

変数は、一度入れた値を入れ替えることが可能でした。それに対して、一度入れると変更できない定数というものがあります。

5-4-1 定数とは？

定数（ていすう）は、一度データを入れたら入れ替えできない箱といえます。プログラム中で使うデータのうち、最初に値を決めればその後は変更する必要がないようなデータを入れるのに適しています。

たとえば、画面に表示するデータの最大行数や、ファイルを保存するフォルダ位置などは、一度決めればプログラムの実行中に変更することはほとんどないでしょう。そのような固定的なデータについて定数を使うと、一元的に定義できるので便利です。

定数には名前を付けますが、変数と同じ命名規則です。ただし、定数の先頭に$は付けません。一般に、定数名に使う英字は大文字にすることが多いです。

> ● 定数の命名規則
> ・ $は先頭に付けません。
> ・ 半角英数字と_（アンダーバー）が使えます（ただし、数字は先頭には使えません）。
> ・ 英字の大文字、小文字は区別されます。

5-4-2 定数の作り方

定数を定義するには、以下の2種類の方法[注4]があります。

- define関数を使う
- constキーワードを使う

関数については第11章で説明しますが、いまの時点では、「ある処理を行う命令」と理解してください。

TIPS （注4） constキーワードを使う方法は、PHP 5.3.0以降で使うことができます。

define関数の構文を次に示します。

> **構文** ● **define 関数** ─ 定数を定義する
> define (定数名, 定数の値);

constキーワードで定数を作る場合の構文を以下に示します。

> **構文** ● **const キーワード** ─ 定数を定義する
> const 定数名 = 定数の値;

定数の値に指定できるのは、以下に示す4つの型のデータのみです。

- 論理型 (boolean)
- 整数型 (integer)
- 浮動小数点型 (float)
- 文字列型 (string)

define関数を使う場合は、定数名の文字列を'（シングルクォーテーション）または"（ダブルクォーテーション）で囲みます。constキーワードの場合は、定数名を'や"で囲みません。

定数を使うときには、定数名を記述するだけです。定数を定義して使う例をリスト5.3、5.4に示します。

▼ リスト5.3　define関数で定数を作る

```
1: define( 'MAX_DISPLINE', 15 );    // 定数を定義する
2: echo MAX_DISPLINE;                // 定数を使う
```

▼ リスト5.4　constキーワードで定数を作る

```
1: const MAX_DISPLINE = 15;          // 定数を定義する
2: echo MAX_DISPLINE;                // 定数を使う
```

リスト5.3とリスト5.4のどちらも、実行すると、Webブラウザには以下のように表示されます。

```
15
```

5-4-3 定数は変更できません

定数は、define関数を使っていちど定義すると、変更したり未定義にすることはできません。以下のように記述しても、定数MAX_DISPLINEは15のままとなります（図5.8）。

```
define( 'MAX_DISPLINE', 15 );
define( 'MAX_DISPLINE', 20 );
echo MAX_DISPLINE;
```

この結果、以下のようになります。

```
15
```

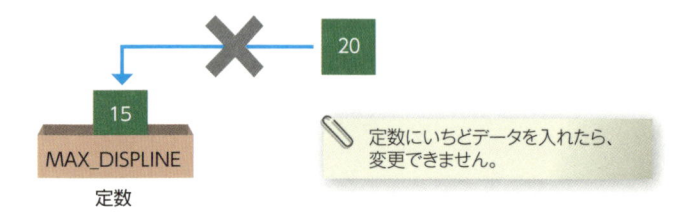

● 図5.8　定数は中身を入れ替えできない

それでは、定数を使ったプログラムを作ってみましょう。

作ってみよう　定数を使うプログラム

Step1　エディタでコードを入力

エディタにリスト5.5のコードを入力して、以下のファイル名で保存します。

`C:¥xammp¥htdocs¥testphp¥teisu1.php`

▼ リスト5.5　定数を使うプログラム (teisu1.php)

```
 1: <?php
 2:     header('Content-type: text/html; charset=UTF-8');
 3: ?>
 4: <html>
 5: <head>
 6: <title>
 7: <?php
 8:     define('NAME_THEME', '盆栽');
 9:     echo NAME_THEME, 'クラブ';      // タイトルの表示
10: ?>
```

```
11: </title>
12: </head>
13: <body>
14: <?php
15:     echo NAME_THEME, 'に目覚めた主婦がつづるページです。';    // 本文の表示
16: ?>
17: </body>
18: </html>
```

Step2 Webブラウザで動作を確認

Webブラウザから以下のURLにアクセスします。

http://localhost/testphp/teisu1.php

すると、Webブラウザに図5.9のような結果が表示されます。

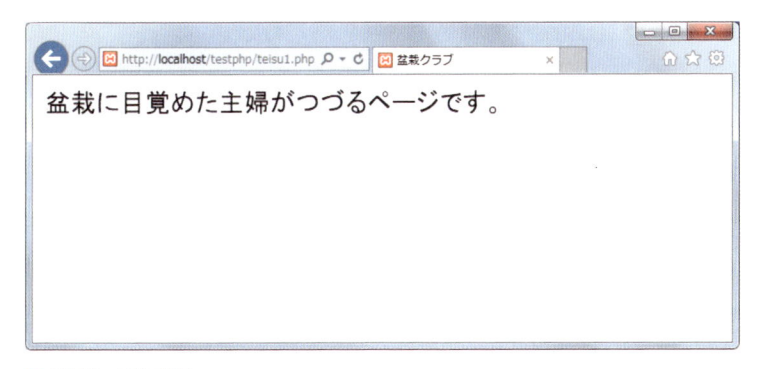

● 図5.9　実行結果

リスト5.5の8行目では、ページのテーマとなる「盆栽」という文字列をNAME_THEMEという定数で定義しています。

5-5 特別な変数と定数

PHPでは、自動的に作られる特別な変数や定数があります。それらは、「スーパーグローバル変数」、「マジック定数」と呼ばれるものです。名前を聞くと、なんだかすごいことが実現できそうですね！？

5-5-1 スーパーグローバル変数

　PHPでは、自動的に作られるスーパーグローバル変数と呼ばれる変数があります。その実体は連想配列で、Webサーバの情報、実行時の環境情報、ユーザから送信されたデータなどが格納されます。

　連想配列については、**第6章**で説明しますが、データを集めてまとめたものです。主なスーパーグローバル変数を**表**5.4に示します。

● 表5.4　スーパーグローバル変数

名前	説明
$GLOBALS	グローバル変数
$_SERVER	サーバ情報および実行時の環境情報
$_GET	GETメソッドで渡された変数の連想配列
$_POST	POSTメソッドで渡された変数の連想配列
$_FILES	アップロードされたファイルの情報
$_COOKIE	クッキー情報
$_SESSION	セッション情報
$_REQUEST	$_GET、$_POST、$_COOKIEの内容をまとめたもの
$_ENV	環境変数

5-5-2 自動的に定義される定数-マジック定数

マジック定数という特別な定数があり、自動的に作られます。主なマジック定数を**表5.5**に示します。マジック定数の名称の前後には横棒が付いていますが、これは_(アンダーバー)を2つ並べたものです。

● 表5.5 マジック定数

マジック定数名	説明
__LINE__	ファイル内での現在の行番号
__FILE__	ファイル名のフルパスとファイル名
__DIR__	そのファイルの存在するフォルダ名（PHP5.3.0で追加されました）
__FUNCTION__	関数名

実際にマジック定数にはどのような値が入っているかを、プログラムを作って確認してみましょう。マジック定数の__LINE__の値を確認するプログラムです。

作ってみよう　マジック定数を使うプログラム

Step1 エディタでコードを入力

エディタに**リスト5.6**のコードを入力して、以下のファイル名で保存します。

C:¥xammp¥htdocs¥testphp¥teisu2.php

▼ リスト5.6　マジック定数を使うプログラム (teisu2.php)

```php
 1: <?php
 2:     header('Content-type: text/html; charset=UTF-8');
 3: ?>
 4: <html>
 5: <body>
 6: <?php
 7:     echo '始まり<br>';
 8:     echo __LINE__, '行目です<br>';
 9:     echo '途中<br>';
10:     echo __LINE__, '行目です<br>';
11:     echo '終わり<br>';
12: ?>
13: </body>
14: </html>
```

CHAPTER 5 データを取り扱うには

Step2 Webブラウザで動作を確認

Webブラウザから以下のURLにアクセスします。

http://localhost/testphp/teisu2.php

すると、Webブラウザに図5.10のような結果が表示されます。

```
始まり
8行目です
途中
10行目です
終わり
```

● 図5.10　実行結果

__LINE__と書いた部分は、そのファイル内での行番号に変換されます。
　このように、マジック定数は状況によって変化する定数です。定数なのに変化する――だから「魔法の定数」というおもしろい名前が付いているのでしょうね。

要点整理

✔ 変数は値を入れて別の場所で使うことができます。
✔ 固定的な値を定義するには定数を使います。
✔ 文字列は、'または"で囲みます。
✔ 変数は、"で囲んだ文字列の中で展開されます。
✔ 特殊な文字をあらわすエスケープシーケンスは、"で囲んだ文字列の中で使えます。

練習問題

問題1. 以下の変数名の中から、変数名として使えないものを1つ選んでください。

① `$hensu`
② `$hen-su`
③ `$hensu2`
④ `$hen_su`

問題2. 次のリストAのプログラムを実行したときの実行結果を1つ選んでください。

▼ リストA

```
 1: <?php
 2:     header('Content-type: text/html; charset=UTF-8');
 3: ?>
 4: <html>
 5: <body>
 6: <?php
 7:     $name = 'はなこ';
 8:     echo "こんにちは $name さん!";
 9: ?>
10: </body>
11: </html>
```

① こんにちは name さん!
② こんにちは $name さん!
③ こんにちは はなこ さん!
④ こんにちは $はなこ さん!

問題3. リストBは、Webブラウザ画面に図Aのように表示させるプログラムです。8行目でconstキーワードを使って定数を定義している部分の空欄①を埋めてください。

CHAPTER 5 データを取り扱うには

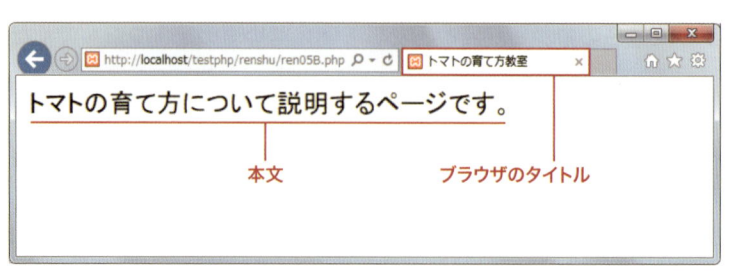

図A リストBの実行結果（本文／ブラウザのタイトル）

▼ リストB

```
 1: <?php
 2:     header('Content-type: text/html; charset=UTF-8');
 3: ?>
 4: <html>
 5: <head>
 6: <title>
 7: <?php
 8:     const    ①    = 'トマト';
 9:     echo NAME_THEME, 'の育て方教室';
10: ?>
11: </title>
12: </head>
13: <body>
14: <?php
15:     echo NAME_THEME, 'の育て方について説明するページです。';
16: ?>
17: </body>
18: </html>
```

問題4. 変数$nameにあなたの名前を入れ、ブラウザに図Bのように表示するプログラムを作ってください。図Bは、変数$nameに'よしこ'を入れた場合の例です。

```
こんにちは、よしこさん。
```

● 図B

CHAPTER

6

複数のデータを
まとめて扱う配列

タンスの引き出し、コインロッカー、卵の入ったパック、たこやきの鉄板——どれも入れ物が整列されて並んでいますよね。配列もそんなイメージです。複数の同じようなデータをまとめて扱うときに、とても便利に使えるのが配列です。

6-1	データをまとめて−配列	P.84
6-2	配列を作る	P.86
6-3	配列に関する便利な処理	P.92

CHAPTER 6　複数のデータをまとめて扱う配列

6-1 データをまとめて－配列

変数は1つのデータを入れるための入れ物でしたが、複数のデータを入れるには、配列というものを使います。配列は複数のデータをまとめて扱えるので、使いこなせるようになると便利です。

6-1-1 配列とは？

　変数は、1つの箱にたとえることができました。配列は、変数を複数くっつけて並べたものといえます。配列は、「**配列変数**」を略した言い方で、変数と同じようにデータを入れて使うものです。配列を使うことにより、多くのデータをまとめて管理できます。
　まずは、図6.1を見て配列のイメージをつかんでみましょう。

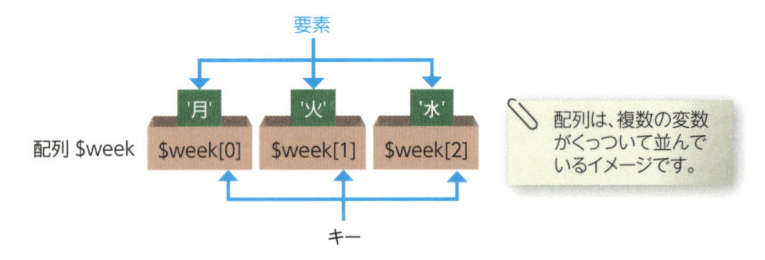

● 図6.1　配列とは

　配列に関する用語について説明します。配列は複数のデータがまとまったものですが、それぞれのデータを**要素**といいます。要素には、**キー**（添え字）と呼ばれる名札のようなものが付いています。キーを使って個々の要素を識別できます。
　キーは配列名に続く [ ] の中に書き、正の整数もしくは文字列になります（図6.2）。

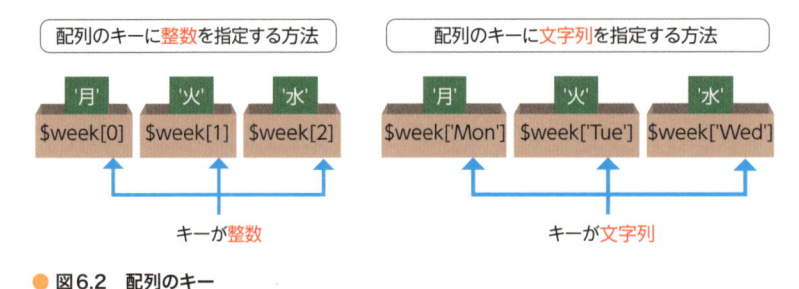

● 図6.2　配列のキー

　配列のキーが整数の場合、数値は0から始まります。

キーが文字列の場合、'もしくは"で囲んでください。キーが文字列である配列は、**連想配列**（ハッシュ）と呼ばれますので覚えておきましょう。

6-1-2 配列名の付け方

変数と同じように、配列にも命名規則があり、その規則は変数と同じです。以下のルールに従えば、自由に付けられます。

> ● 配列の命名規則
> - $（ダラー）から始まります。
> - 半角英数字と_（アンダーバー）が使えます。ただし、数字は先頭文字（$の直後）には使えません。
> - 英字の大文字、小文字は区別されます。

配列を作るには、以下の2つの方法があります。

- 1つずつ代入する方法
- array関数を使う方法

COLUMN

配列の内容をまとめて確認する方法

配列の作り方については6-2で説明しますが、プログラムで配列を使うようになると、配列の中身を確認したい場合がよくあります。配列は複数のデータの集まりですが、その内容をまとめて確認したいときは、print_r関数を使うと便利です。HTMLの<pre>タグで囲むと見やすく表示されます。以下に例を示します。

```php
<?php
$week = array('月', '火', '水');
echo '<pre>';
print_r($week);
echo '</pre>';
?>
```

実行結果は以下のようになります。

```
Array
(
    [0] => 月
    [1] => 火
    [2] => 水
)
```

6-2 配列を作る

配列のイメージはつかめましたか？続いて、配列を作る方法について説明していきましょう。配列を作るための書き方は何通りかありますが、どの書き方もよく使われています。

6-2-1 配列の作り方1（1つずつ代入する方法）

代入して配列を作る場合の構文を以下に示します。

> **構文** ● 代入によって配列を作る
> **書き方1**
> $配列名[キー] = データ;
> **書き方2**
> $配列名[] = データ;

変数に値を入れたときと同じように、代入演算子の＝を使って各要素にデータを入れます。各要素を使うときには、要素を記述するだけです。

代入によって配列を作る例を以降に示します。以降に示す**リスト6.1〜リスト6.3**を実行すると、どの結果も**図6.3**のような表示になります。

```
朝になりました。
昼になりました。
夜になりました。
```

● 図6.3　実行結果

以下の**リスト6.1**は、代入によって配列を作る例です。

▼ リスト6.1　代入によって配列を作る

```php
1: $days[0] = '朝';
2: $days[1] = '昼';
3: $days[2] = '夜';
4:
5: echo $days[0], 'になりました。<br>';
6: echo $days[1], 'になりました。<br>';
7: echo $days[2], 'になりました。<br>';
```

代入によって配列を作る場合に、もう1つ書き方があります。それは、キーを省略して書く方法です。例をリスト6.2に示します。

▼リスト6.2　代入によって配列を作る（キーを省略）

```
1: $days[] = '朝';
2: $days[] = '昼';
3: $days[] = '夜';
4:
5: echo $days[0], 'になりました。<br>';
6: echo $days[1], 'になりました。<br>';
7: echo $days[2], 'になりました。<br>';
```

この例では、代入するときにキーに何も指定せずに[]を記述しています。このようにすると、自動的にキーが、0から順番に割り当てられます。

次は、キーが文字列の配列を作ってみます。リスト6.3に例を示します。

▼リスト6.3　代入によって連想配列を作る

```
1: $days['morning'] = '朝';
2: $days['afternoon'] = '昼';
3: $days['night'] = '夜';
4:
5: echo $days['morning'], 'になりました。<br>';
6: echo $days['afternoon'], 'になりました。<br>';
7: echo $days['night'], 'になりました。<br>';
```

それでは、配列を使ったプログラムを作ってみましょう。

作ってみよう　配列を使うプログラム

Step1　エディタでコードを入力する

エディタにリスト6.4のコードを入力して、以下のファイル名で保存します。

C:¥xammp¥htdocs¥testphp¥array1.php

▼リスト6.4　配列を使うプログラム（array1.php）

```
1: <?php
2:     header('Content-type: text/html; charset=UTF-8');
3: ?>
4: <html>
5: <body>
6: <?php
```

```
 7:        $arr1[] = '123';
 8:        $arr1[] = '季節';
 9:        $arr1[] = 456.789;
10:
11:        $arr2['spring'] = '春';
12:        $arr2['summer'] = '夏';
13:        $arr2['autumn'] = '秋';
14:        $arr2['winter'] = '冬';
15:
16:        echo $arr1[0], '<br>';
17:        echo $arr1[1], '<br>';
18:        echo $arr1[2], '<br>';
19:
20:        echo '<br>', PHP_EOL;
21:
22:        echo $arr2['spring'], '<br>';
23:        echo $arr2['summer'], '<br>';
24:        echo $arr2['autumn'], '<br>';
25:        echo $arr2['winter'], '<br>';
26:    ?>
27: </body>
28: </html>
```

Step2 Webブラウザで動作を確認する

Webブラウザから以下のURLにアクセスします。

http://localhost/testphp/array1.php

すると、Webブラウザに図6.4のような結果が表示されます。

```
123
季節
456.789

春
夏
秋
冬
```

● 図6.4　実行結果

6-2-2 ▶ 配列の作り方2（array関数を使う方法）

array関数を使って配列を作る場合の構文を次に示します。関数については**第11章**で説明しますが、いまの時点では、「ある処理を行う命令」と理解してください。

> **構文** ● array関数によって配列を作る
> 書き方1
> $配列名 = array(データ1, データ2, データ3);
> 書き方2
> $配列名 = array('キー名1' => データ1,
> 　　　　　　　　 'キー名2' => データ2,
> 　　　　　　　　 'キー名3' => データ3);

書き方1では、配列に入れるデータを, (カンマ) で区切って並べて書きます。構文では、3つの要素の配列を作るようになっていますが、実際は必要な要素数分のデータを並べて書きます。

書き方2は、連想配列を作るときによく使われる構文です。書き方2では、「キー => データ」の形式のキーとデータのペアを, (カンマ) で区切って並べて書きます。=>は、半角の= (イコール) と> (大なり記号) をくっつけて書いてください。構文では、3つの要素の配列を作るようになっていますが、実際は必要な要素数分のキーとデータのペアを並べて書きます。

以降に示す**リスト6.5**、**リスト6.6**を実行すると、どちらの結果も**図6.5**のような表示になります。

```
朝になりました。
昼になりました。
夜になりました。
```

● 図6.5　実行結果

array関数の書き方1を使って配列を作る例を**リスト6.5**に示します。

▼ リスト6.5　array関数によって配列を作る

```
1: $days = array( '朝', '昼', '夜' );
2:
3: echo $days[0], 'になりました。<br>';
4: echo $days[1], 'になりました。<br>';
5: echo $days[2], 'になりました。<br>';
```

CHAPTER 6　複数のデータをまとめて扱う配列

array関数の書き方2を使って連想配列を作る例を**リスト6.6**に示します。

▼ リスト6.6　array関数によって連想配列を作る

```
1: $days = array( 'morning'   => '朝',
2:                'afternoon' => '昼',
3:                'night'     => '夜' );
4:
5: echo $days['morning'], 'になりました。<br>';
6: echo $days['afternoon'], 'になりました。<br>';
7: echo $days['night'], 'になりました。<br>';
```

また、以下のような記述を行うと空の配列を作ることができます。

```
$arr = array();
```

これは、「$arrは配列であり、中身を空にしておく」ということを明示的に示します。

それでは、配列を使ったプログラムを作ってみましょう。皆さんは自分の誕生石を知っていますか？

1月 … ガーネット	5月 … エメラルド	9月 … サファイア
2月 … アメシスト	6月 … パール	10月 … オパール
3月 … アクアマリン	7月 … ルビー	11月 … トパーズ
4月 … ダイヤモンド	8月 … ペリドット	12月 … ターコイズ

※出典：フリー百科事典『ウィキペディア（Wikipedia）』

● 図6.6　誕生石一覧

これらの誕生石のデータをもとにarray関数で配列を作り、それを利用するプログラムを作ってみましょう。

作ってみよう ✛ 誕生石を表示するプログラム

Step1 エディタでコードを入力する

エディタに**リスト6.7**のコードを入力して、以下のファイル名で保存します。

C:¥xammp¥htdocs¥testphp¥array2.php

▼ リスト6.7　誕生石を表示するプログラム（array2.php）

```php
 1: <?php
 2:     header('Content-type: text/html; charset=UTF-8');
 3: ?>
 4: <html>
 5: <body>
 6: <?php
 7:     $bstone = array( 'ガーネット','アメシスト','アクアマリン',
 8:                      'ダイヤモンド','エメラルド','パール',
 9:                      'ルビー','ペリドット','サファイア',
10:                      'オパール','トパーズ','ターコイズ' );
11: 
12:     $birth = 3;            //あなたの誕生月を入力してください
13:     echo '私は', $birth, '月生まれです。<br>';
14:     echo '誕生石は', $bstone[$birth - 1], 'です。';
15: ?>
16: </body>
17: </html>
```

Step2 Webブラウザで動作を確認

Webブラウザから以下のURLにアクセスします。実行結果は**図6.7**の通りです。

http://localhost/testphp/array2.php

```
私は3月生まれです。
誕生石はアクアマリンです。
```

● 図6.7　実行結果

あなたの誕生石は表示されましたか？

配列$bstoneのキーは0からの連番になります。たとえば、3月のデータを指す場合、キーは2となります。よって、以下のように$birthから1を引いた数をキーとして使っています。

```php
echo '誕生石は', $bstone[$birth - 1], 'です。';
```

6-3 配列に関する便利な処理

PHPには、配列を処理するための便利な処理がいろいろと用意されています。私たちはそれらを使って、配列のデータを扱いながら処理を行うことができます。

6-3-1 配列に入っているデータの数を求める

　配列には複数のデータが含まれますが、ときにはその数を求めたい場合があります。count関数を使うと、配列に含まれる要素の数を取得できます。関数については第11章で説明しますが、いまの時点では、「ある処理を行う命令」と理解してください。
　count関数の構文を以下に示します。count関数に配列名を指定すると、その配列の要素の数を取得できます。

> **構文** ●count関数 — 配列の要素数を取得する
> 要素の数 = count(配列名);

以下のコード例を見てください。配列を作ったあと、count関数を呼び出しています。

```
$days[] = '朝';
$days[] = '昼';
$days[] = '夜';

echo count( $days );
```

この結果、Webブラウザには、以下のように配列$daysの要素の数が表示されます。

```
3
```

6-3-2 各要素を同じデータで埋める

array_fill関数を使うと、配列を作ると同時に、すべての要素に同じデータを入れることができます。array_fill関数の構文を以下に示します。

> **構文** ● **array_fill関数** ― 配列を指定した値で埋めて作成する
> 配列 = array_fill(開始キー, 要素数, 要素に入れる値);

以下のコード例を見てください。array_fill関数により、キーが「0」から始まる配列が作られます。作られた配列の要素数は3で、すべての要素に「おやすみ」の文字列が入ります。

```php
$arr = array_fill(0, 3, 'おやすみ');

echo '要素数は', count($arr), '<br>';
echo $arr[0], '<br>';
echo $arr[1], '<br>';
echo $arr[2], '<br>';
```

この結果、Webブラウザには以下のように表示されます。

```
要素数は3
おやすみ
おやすみ
おやすみ
```

要点整理

- ✔ 配列を使うと複数の値をまとめて扱えます。
- ✔ 配列の各データを要素といいます。
- ✔ 配列の要素を識別するにはキー（添え字）を使います。
- ✔ 配列を作成するには代入する方法とarray関数を使う方法があります。

CHAPTER 6 複数のデータをまとめて扱う配列

練習問題

問題1. リストAでは、array関数によって配列$nameを作成しています。この配列内の'タロ'を表示するための命令文を1つ選んでください。

▼ リストA

```
$name = array( 'タマ', 'ポチ', 'トラ', 'タロ' );
```

① `echo $name[0];`
② `echo $name[1];`
③ `echo $name[2];`
④ `echo $name[3];`
⑤ `echo $name[4];`

問題2. リストBは、表Aに示す連想配列$dataを作って表示するプログラムです。実行すると、図Aのように表示されます。リストBで、array関数を使って連想配列$dataを作る部分の空欄①から④を埋めてください。

● 表A　身長と体重を入れる連想配列

キー	データ
'height'	155
'weight'	45

▼ リストB

```
 1: <?php
 2:     header('Content-type: text/html; charset=UTF-8');
 3: ?>
 4: <html>
 5: <body>
 6: <?php
 7:     $data = array(  ①  =>  ②  ,
 8:                     ③  =>  ④  );
 9:
10:     echo '身長は', $data['height'], 'cmです。<br>';
11:     echo '体重は', $data['weight'], 'kgです。<br>';
12: ?>
13: </body>
14: </html>
```

```
身長は155cmです。
体重は45kgです。
```

● 図A　リストBの実行結果

CHAPTER

7

画面からデータを入力してみよう

ネットショッピングは、あまりにも手軽に買い物ができるので、ついつい買い過ぎてしまう人もいるのではないでしょうか？Webページは単に見るだけのページもありますが、ショッピングサイトのように、ユーザからのデータを受け付けて処理するページも数多くあります。本章では、ユーザが画面から入力したデータを取得する方法を説明します。

7-1	画面の入力部品	P.96
7-2	画面から入力するプログラム	P.103

CHAPTER 7　画面からデータを入力してみよう

7-1　画面の入力部品

フォームを使うと、Webブラウザからデータを入力することができます。画面から入力したデータをプログラムで処理できるようになると、作れるアプリケーションの範囲がぐっと広がります。

7-1-1　画面の入力部品―フォーム

　私たちにとってWebサイトは、単に見るだけのものではなく情報を入力することもできます。
皆さんの中にはブログを書いている人がいるかもしれませんが、ブログの記事を投稿する場合には記事の文章を入力します。また、レストランのWebサイトから予約をする場合には、予約する日時、氏名、連絡先などを入力します。
　それらの入力した情報は、Webサーバへと送られています。Webサーバ側では、ユーザから入力された情報を受け取り、それに対応した処理を行います（図7.1）。

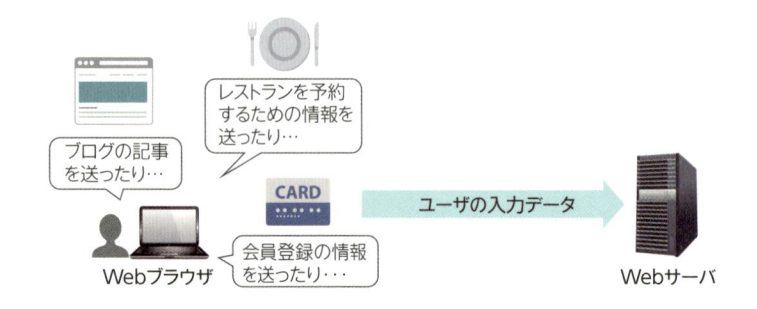

● 図7.1　ブラウザからサーバにデータを送る

　Webページの画面上には、いろいろな入力をするための部品を配置できます（図7.2）。テキストボックスやプルダウンメニュー（セレクトボックス）など、見たことのある部品もありますよね。

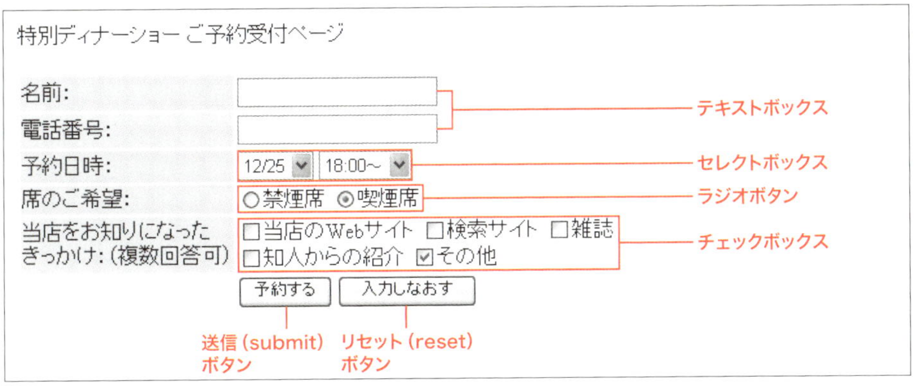

```
 特別ディナーショー ご予約受付ページ
 名前:        [          ]
 電話番号:    [          ]      ─── テキストボックス
 予約日時:    [12/25 ▼] [18:00~ ▼] ─── セレクトボックス
 席のご希望:  ○禁煙席 ●喫煙席     ─── ラジオボタン
 当店をお知りになった □当店のWebサイト □検索サイト □雑誌
 きっかけ:(複数回答可) □知人からの紹介 ☑その他     ─── チェックボックス
             [予約する] [入力しなおす]
              送信(submit)  リセット(reset)
              ボタン        ボタン
```

● 図7.2 HTMLフォーム画面の例

図7.2のような画面上からデータを入力する部品群を**フォーム**といいます。フォームはHTMLのタグを使って作成します。そのため、画面から入力するWebサイトを作るには、HTMLの知識が必要になります。

図7.2の画面を例にして、フォームについて説明していきます。図7.2の画面を表示しているHTMLソースを**リスト7.1**に示します。

▼ リスト7.1　HTMLフォームのソースコード (form.html)

```html
 1: <html>
 2: <head>
 3: <meta http-equiv="Content-Type" content="text/html; charset=UTF-8">
 4: <title>特別ディナーショー　ご予約受付ページ</title>
 5: </head>
 6: <body>
 7: 特別ディナーショー　ご予約受付ページ
 8: <form method="post" action="test.php">        ─── フォームを定義する
 9: <table>
10: <tr>
11: <td bgcolor="#DCF0F0">名前:</td>
12: <td><input type="text" name="namae" size="30" maxlength="30"></td>
13: </tr>                                         ─── テキストボックス
14: <tr>
15: <td bgcolor="#DCF0F0">電話番号:</td>
16: <td><input type="text" name="denwa" size="30" maxlength="30"></td>
17: </tr>                                         ─── テキストボックス
18: <tr>
19: <td bgcolor="#DCF0F0">予約日時:</td>
20: <td>
21: <select name="monthDay">
22: <option value="1">12/24                       ─── セレクトボックス
23: <option value="2" selected>12/25
24: </select>
```

CHAPTER 7 画面からデータを入力してみよう

```
25: <select name="time">
26: <option value="1" selected>18:00〜
27: <option value="2">20:00〜
28: </select>
29: </td>
30: </tr>
31: <tr>
32: <td bgcolor="#DCF0F0">席のご希望：</td>
33: <td>
34: <input type="radio" name="seki" value="0">禁煙席
35: <input type="radio" name="seki" value="1" checked>喫煙席
36: </td>
37: </tr>
38: <tr>
39: <td bgcolor="#DCF0F0">当店をお知りになった<br>きっかけ：（複数回答可）</td>
40: <td>
41: <input type="checkbox" name="toten1" value="1">当店のWebサイト
42: <input type="checkbox" name="toten2" value="1">検索サイト
43: <input type="checkbox" name="toten3" value="1">雑誌<br>
44: <input type="checkbox" name="toten4" value="1">知人からの紹介
45: <input type="checkbox" name="toten5" value="1" checked>その他
46: </td>
47: </tr>
48: <tr>
49: <td>
50: <input type="hidden" name="mode" value="123">
51: </td>
52: <td>
53: <input type="submit" value="予約する">
54: <input type="reset" value="入力しなおす">
55: </td>
56: </tr>
57: </table>
58: </form>
59: </body>
60: </html>
```

- 25〜28行目：セレクトボックス
- 34〜35行目：ラジオボタン
- 41〜45行目：チェックボックス
- 50行目：隠し項目
- 53行目：送信（submit）ボタン
- 54行目：リセット（reset）ボタン

図7.2の画面で使っているフォームの部品について順番に説明していきます。

● **フォームの土台となる<form>タグ**

<form>は、フォームを作るための基本となるタグで、土台の役割を果たします。Webサーバに送りたいフォーム部品を<form>と</form>のタグで囲むように記述します。そうすることにより、囲まれた範囲内のフォームデータをまとめてWebサーバに送れます。

1つのHTML文書内に複数の<form>と</form>で囲んだブロックを含めることができます。以降で説明する送信ボタンは<form>と</form>の中に記述する必要があります。<form>タグには、図7.3のような形式で属性を設定します。属性とは、タグへの条件を指定する項目のことで、以下のような形式で属性値を記述します。

> **構文** 属性名="属性値"

　HTMLタグの種類は数多くあり、タグごとに設定できる属性は異なります。詳しく知るためには、Webや書籍のHTMLリファレンスを参照してください。

```
<form method="post" action="test.php">
```

method属性
フォームの送信方法を指定する属性で、以下のどちらかを設定できます。
"post"
"get"

action属性
フォームの送信先を指定する属性で、PHPプログラム名やCGIプログラム名を指定します。この例では、"test.php"のプログラムにフォームデータを送信することを指定しています。

※フォームの送信方法については、7.1.2で詳しく説明します。

● 図7.3　<form>タグの例

　以降では、主なHTML部品について説明します。

● セレクトボックス（プルダウンメニュー）

　セレクトボックスは、プルダウンメニューやコンボボックスと呼ばれることもあります。複数の選択肢から択一選択するための入力部品です。
　セレクトボックスを作るには、<select>タグと<option>タグの両方を使います（図7.4）。

`12/25`

```
<select name="monthDay">
    <option value="1">12/24
    <option value="2" selected>12/25
</select>
```

全体を<select>と</select>で囲み、その中に選択項目を<optinon>タグで記述します。

value属性
各<option>の選択値です。PHPのプログラム側ではこの値を取得して、どれが選択されたかを判断します。

selected属性
画面表示時に選択させる項目に指定します。上記例では、「12/25」を選択させています。

● 図7.4　セレクトボックスを作るタグの例

CHAPTER 7　画面からデータを入力してみよう

　以降では、<input>タグを使う入力部品について説明します。<input>は、いろいろな入力部品を作成できるタグです。各部品にはname属性があり、部品名を指定します。

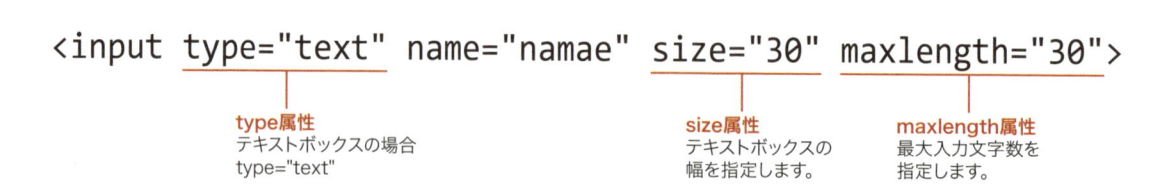

● テキストボックス

テキストボックスは1行のテキストを入力するフォーム[注1]です（図7.5）。

```
<input type="text" name="namae" size="30" maxlength="30">
```

- **type属性**　テキストボックスの場合 type="text"
- **size属性**　テキストボックスの幅を指定します。
- **maxlength属性**　最大入力文字数を指定します。

● 図7.5　テキストボックスを作る<input>タグの例

● ラジオボタン（オプションボタン）

　択一選択するための入力部品です（図7.6）。同じname属性のラジオボタンが1つのグループとなり、そのグループ内で択一選択が可能となります。

○禁煙席　◉喫煙席

```
<input type="radio" name="seki" value="0">禁煙席
<input type="radio" name="seki" value="1" checked >喫煙席
```

- **type属性**　ラジオボタンの場合 type="radio"
- **value属性**　選択された項目を識別するための値です。この値をPHPのプログラムで取得して選択項目を判定します。
- **checked属性**　画面表示時に選択させる項目に指定します。上記例では、「喫煙席」を選択させています。

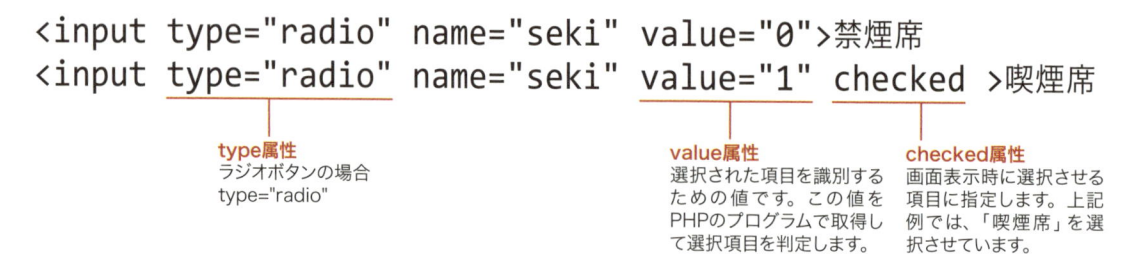

● 図7.6　ラジオボタンを作る<input>タグの例

● チェックボックス

複数選択するための入力部品です（図7.7）。

☐当店のWebサイト　☐検索サイト　☐雑誌
☐知人からの紹介　☑その他

TIPS　（注1）　テキストボックスの中に文字を表示させるには、value属性を使って指定します。

```
<input type="checkbox" name="toten1" value="1">当店のWebサイト
<input type="checkbox" name="toten2" value="1">検索サイト
<input type="checkbox" name="toten3" value="1">雑誌<br>
<input type="checkbox" name="toten4" value="1">知人からの紹介
<input type="checkbox" name="toten5" value="1" checked>その他
```

type属性
チェックボックスの場合
type="checkbox"

value属性
選択された項目を識別するための値です。この値をPHPのプログラムで取得して選択項目を判定します。

checked属性
画面表示時に選択させる項目に指定します。上記の例では、「その他」のみを選択させています。

● 図7.7　チェックボックスを作る<input>タグの例

● 隠しフィールド

画面上には見えないデータをサーバに送るための入力部品です（図7.8）。一般に、プログラムによって埋め込まれるデータです。たとえば、動作状態などを保持させるために使います。

```
<input type="hidden" name="mode" value="123">
```

type属性
隠しフィールドの場合
type="hidden"

value属性
隠しフィールドが保持するデータです。PHPのプログラムでこの値を取得できます。

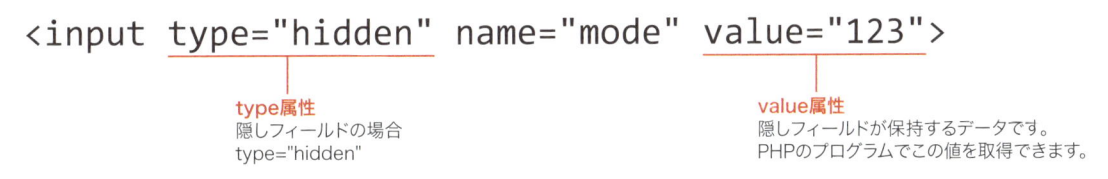

● 図7.8　隠しフィールドを作る<input>タグの例

● 送信ボタン（submitボタン）

送信ボタンを押すと、<form>と</form>で囲まれたフォームデータがサーバに送られます（図7.9）。送信ボタン自身も<form>と</form>のなかに記述します。

[予約する]

```
<input type="submit" value="予約する">
```

type属性
送信ボタンの場合
type="submit"

value属性
送信ボタン上に表示する文字列を指定します。

● 図7.9　送信ボタンを作る<input>タグの例

CHAPTER 7　画面からデータを入力してみよう

● **リセットボタン（resetボタン）**

リセットボタンを押すと、それまでに入力したフォーム内容がクリアされます（図7.10）。リセットボタン自身も\<form\>と\</form\>のなかに記述します。

```
入力しなおす
```

```
<input type="reset" value="入力しなおす">
```

type属性
リセットボタンの場合
type="reset"

value属性
リセットボタン上に表示する文字列を指定します。

● 図7.10　リセットボタンを作る\<input\>タグの例

7-1-2 ▶ 画面からの入力を受け取る

WebブラウザからWebサーバにデータを送る方法はいくつかありますが、代表的な以下の2種類について説明します。

- GETメソッド
- POSTメソッド

GETメソッドとPOSTメソッドの違いは、フォームデータの送信方法です。

GETメソッドは、入力されたフォームデータをURLの後ろに含めることで、サーバに送信する方式です。

POSTメソッドは、Webサーバへ送るデータ本体にフォームデータを含めて送信する方式です。大量のデータを送るのにはPOSTメソッドのほうが向いています。

GETメソッドは、URLの末尾に送信データを付加するので、データをサーバに簡単に送ることができますが、POSTメソッドのように大量のデータを送信できません。特に理由がなければ、POSTメソッドを使うのがいいでしょう。

7-2 画面から入力するプログラム

Webブラウザから入力できるフォームには多くの種類があることがわかりました。続いて、WebブラウザからPHPのプログラムで受け取る方法について学んでいきましょう。

7-2-1 フォームからデータを受け取るプログラム

POSTメソッドで送られたフォームデータは、$_POSTという名前の連想配列に入っています。$_POSTはスーパーグローバル変数(注2)の1つです。

POSTメソッドで、各フォーム部品で入力されたデータを取得するには、以下のように記述します。

> **構文** `$_POST['部品名']`

$_POSTは連想配列なので、そのキーにHTMLフォームの部品名を指定します。部品名は、フォーム部品のタグでname属性に指定した名前のことです。テキストボックスの場合は、<input>タグのname属性で指定した名前が部品名です(図7.11)。

HTML文書
```
<input type="text" name="food1">
```

neme属性で指定した部品名を
連想配列$_POSTのキーとして使います。

PHPプログラム
```
$f1 = $_POST['food1'];
```

● 図7.11 PHPプログラムでフォームデータを取得

たとえば、以下のテキストボックスでは、food1が部品名です。

```
<input type="text" name="food1">
```

TIPS (注2) GETメソッドで送られたフォームデータは、$_GETという連想配列に入っています。

CHAPTER 7　画面からデータを入力してみよう

POSTメソッドで受け取った場合、このデータを取得するには、次のように記述します。連想配列$_POSTのキーに、部品名のfood1を指定します。

```
$_POST['food1']
```

それでは、フォームデータを受け取るプログラムを作りましょう。

作ってみよう　フォームデータを受け取るプログラム

Step1　HTML画面を作成する

まず、フォーム入力用のHTML画面を作ります。エディタにリスト7.2のコードを入力して、以下のファイル名で保存します。

```
C:¥xammp¥htdocs¥testphp¥form1.html
```

▼ リスト7.2　HTMLフォーム画面 (form1.html)

```
 1: <html>
 2: <head>
 3: <meta http-equiv="Content-Type" content="text/html; charset=UTF-8">
 4: </head>
 5: <body>
 6: <form method="post" action="form1.php">
 7: 好きな食べ物は?<input type="text" name="food1"><br>
 8: 好きな飲み物は?<input type="text" name="food2">
 9: <input type="submit" value="送信">
10: </form>
11: </body>
12: </html>
```

POSTメソッドの場合は"post"と書きます

Step2　PHPプログラムを作成する

次に、フォームデータを受け取るプログラムを作ります。エディタにリスト7.3のコードを入力して、以下のファイル名で保存します。

```
C:¥xammp¥htdocs¥testphp¥form1.php
```

▼ リスト7.3　フォームデータを受け取るプログラム (form1.php)

```
1: <?php
2:     header('Content-type: text/html; charset=UTF-8');
3: ?>
4: <html>
```

```
 5:  <body>
 6:  <?php
 7:      $f1 = $_POST['food1'];      // 連想配列で好きな食べ物を取得
 8:      $f2 = $_POST['food2'];      // 連想配列で好きな飲み物を取得
 9:      $f1 = htmlspecialchars( $f1, ENT_QUOTES, 'UTF-8' );
10:      $f2 = htmlspecialchars( $f2, ENT_QUOTES, 'UTF-8' );
11:      echo 'あなたは「', $f1, '」が好きなんですね。<br>', PHP_EOL;
12:      echo '「', $f2, '」も好きなんですね。<br>', PHP_EOL;
13:  ?>
14:  </body>
15:  </html>
```

Step3 Webブラウザで動作を確認する

Webブラウザから以下のURLにアクセスします。

http://localhost/testphp/form1.html

図7.12のような画面が表示されるので、あなたの好きな食べ物と飲み物を入力して、「送信」ボタンをクリックしてください。

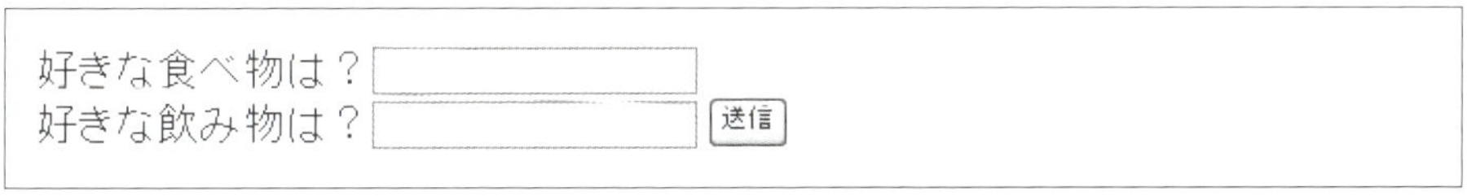

```
好きな食べ物は？ [          ]
好きな飲み物は？ [          ] [送信]
```

● 図7.12　フォーム入力画面

たとえば、「ハンバーグ」と「コーヒー」を入力して「送信」ボタンをクリックすると、図7.13のように表示されます。表示されれば、入力したフォームデータはWebサーバへと送られたことになります。

```
あなたは「ハンバーグ」が好きなんですね。
「コーヒー」も好きなんですね。
```

● 図7.13　実行結果

7-2-2　HTML出力のエスケープ処理

POSTメソッドで送られたフォームデータは、$_POSTという名前の連想配列に入っています。リスト7.3のコードでは、$_POSTで受け取ったフォームデータを変数$f1と$f2に入れて、それらをhtmlspecialchars関数に渡しています。

CHAPTER 7　画面からデータを入力してみよう

```
$f1 = htmlspecialchars($f1, ENT_QUOTES, 'UTF-8');
$f2 = htmlspecialchars($f2, ENT_QUOTES, 'UTF-8');
```

htmlspecialchars関数は、HTMLの特殊文字を無効化する処理を行います(注3)。関数については第11章で説明しますが、いまの時点では、「ある処理を行う命令」と理解してください。

HTMLの特殊文字には、たとえば、＜（小なり記号）があります。HTMLの文法では、＜はHTMLタグをあらわすために使われる文字なので、ブラウザは＜をタグの開始と解釈します。タグの開始文字ではなく、単に文字の＜として表示させるには、＜の代わりに、以下の表現を使う必要があります。

　　＜　の代わりに　<　を使う

このように、本来の意味を打ち消す処理を**エスケープ処理**といいます。

しかし、htmlspecialchars関数を呼んでいる一番の目的は、セキュリティ対策です。エスケープ処理を入れることで、クロスサイトスクリプティング(注4)などの不正攻撃を防ぐ効果があります。

外部からやってきたデータを取得して、そのままブラウザに表示するのは大変危険であることを覚えておいてください（図7.14）。

✗
```
echo $_POST['food1'];
```

以下の記述のほうが、安全

危険！　ユーザから送信されたデータをそのまま表示しないでください！

○
```
echo htmlspecialchars($_POST['food1'], ENT_QUOTES, 'UTF-8');
```

※htmlspecialchars関数の第2引数と第3引数には、実行環境に応じた値を指定しますので上記とは異なる場合があります。

● 図7.14　送信されたデータをそのまま表示するのはセキュリティ上危険

＜や＞のようにHTMLの文法上で意味を持つ記号は、**HTML特殊記号**と呼ばれます。代表的なものを表7.1に示します。単に文字として画面表示したい場合は、表7.1の記述方法に書かれた方法で記述すればいいのですが、htmlspecialchars関数を使うと、この変換を行ってくれるのです。

TIPS

(注3)　htmlspecialchars関数の第1引数には変換元の文字列、第2引数には変換オプション、第3引数には文字エンコーディングを指定します。第2引数と第3引数は実行環境によって指定する値が異なる場合がありますので注意してください。詳しくは、PHPマニュアルのhtmlspecialchars関数の説明を参照してください。

(注4)　クロスサイトスクリプティングとは、不正なJavaScriptなどのコードがHTMLなどに埋め込まれて実行される攻撃のことです。ユーザ側のコンピュータ上で不正なコードが実行されてクッキーのデータを盗みだされるなどの攻撃を受ける可能性があります。

● 表7.1　HTML特殊記号の例

表示	記述方法	意味
<	&lt;	小なり
>	&gt;	大なり
&	&amp;	アンパサンド
"	&quot;	ダブルクォーテーション

7-2-3　HTMLフォームデータを配列で受け取る

画面上に同じような入力部品が複数ある場合、それらのデータをまとめて配列として受け取ることが可能です。実際にプログラムを作って確認してみましょう。

作ってみよう　フォームデータを配列で受け取るプログラム

Step1　HTML画面を作成

まず、フォーム入力用のHTML画面を作ります。エディタにリスト7.4のコードを入力して、以下のファイル名で保存します。

C:\xammp\htdocs\testphp\form2.html

▼ リスト7.4　フォームデータのHTML画面 (form2.html)

```
 1: <html>
 2: <head>
 3: <meta http-equiv="Content-Type" content="text/html; charset=UTF-8">
 4: </head>
 5: <body>
 6: <form method="post" action="form2.php">
 7: 好きな食べ物は?<input type="text" name="food[]"><br>
 8: 好きな飲み物は?<input type="text" name="food[]">
 9: <input type="submit" value="送信">
10: </form>
11: </body>
12: </html>
```

Step2　PHPプログラムを作成

次にフォームデータを受け取るプログラムを作ります。エディタにリスト7.5のコードを入力して、以下のファイル名で保存します。

C:\xammp\htdocs\testphp\form2.php

▼ リスト7.5　フォームデータを配列で受け取るプログラム（form2.php）

```php
 1: <?php
 2:     header('Content-type: text/html; charset=UTF-8');
 3: ?>
 4: <html>
 5: <body>
 6: <?php
 7:     $f1 = $_POST['food'][0];     // 2次元の連想配列で好きな食べ物を取得
 8:     $f2 = $_POST['food'][1];     // 2次元の連想配列で好きな飲み物を取得
 9:     $f1 = htmlspecialchars( $f1, ENT_QUOTES, 'UTF-8' );
10:     $f2 = htmlspecialchars( $f2, ENT_QUOTES, 'UTF-8' );
11:     echo 'あなたは「', $f1, '」が好きなんですね。<br>', PHP_EOL;
12:     echo '「', $f2, '」も好きなんですね。<br>', PHP_EOL;
13: ?>
14: </body>
15: </html>
```

Step3　Webブラウザで動作を確認

Webブラウザから以下のURLにアクセスします。

http://localhost/testphp/form2.html

図7.15のような画面が表示されるので、あなたの好きな食べ物と飲み物を入力して、「送信」ボタンをクリックしてください。

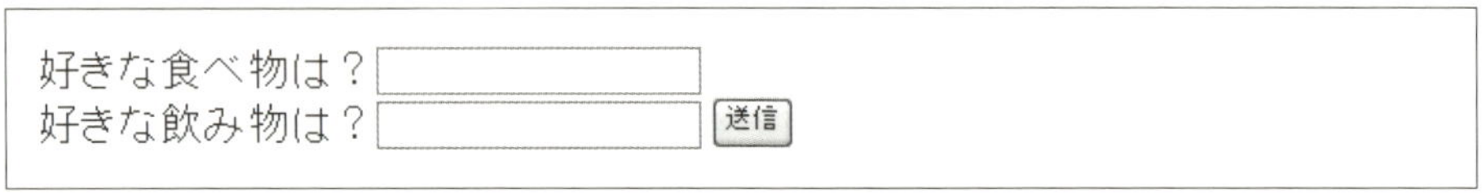

```
好きな食べ物は？ [          ]
好きな飲み物は？ [          ] [送信]
```

●図7.15　フォーム入力画面

図7.16のように、好きな食べ物と飲み物がWebブラウザに表示されれば成功です。入力したフォームデータは、Webサーバへと送られたことになります。

```
あなたは「ハンバーグ」が好きなんですね。
「コーヒー」も好きなんですね。
```

●図7.16　実行結果

サーバに送るデータのうち、まとめて配列にしたいものについては、name属性で名前を同じものにして、その後ろに[]と書きます。

```
好きな食べ物は？<input type="text" name="food[]"><br>
好きな飲み物は？<input type="text" name="food[]">
```

配列にまとめたい部品に同じ名前を付けて
後ろに[]と書きます。

PHPプログラムの受け取り側では、$_POSTの連想配列を2次元配列として扱うとデータを取得できます。1次元目のキーは部品名でname属性に指定した名前のうち、[]を取り除いたものです。2次元目のキーは部品の並び順に0から始まる数字のキーが割り当てられます。

```
$f1 = $_POST['food'][0];
$f2 = $_POST['food'][1];
```

1次元目のキーは部品名です。　2次元目のキーは、0からの連番です。

同じ部品のデータが連続してたくさんあるような場合は、配列で受け取る方法を使うと、まとめて扱えるので大変便利です。配列であればforeach文を使えるので効率的にデータを処理できます。foreach文とは、配列のデータを順番に取り出すための構文ですが、詳しくは**10-4**で説明します。

7-2-4 ▶ Web上のセキュリティについて

インターネット上に公開されたWebサイトは、どこの誰でもアクセスできるという手軽さがありますが、それがゆえに、常に不正攻撃を受けるかもしれないという脅威にさらされています。Webアプリケーションの開発者は、セキュリティには十分に注意を払う必要があります。

WebサーバでPHPのプログラムが動くとき、データの流れに着目してみると図7.17のようになります。基本的にユーザが入力したデータを受け取り、目的を果たすための処理を行い、再びブラウザに表示データを出力する、という流れです。

入力データ
ユーザが入力したデータやブラウザから送られたその他のデータ等

PHPプログラムが行う処理
目的の処理

出力データ
ブラウザへの出力、ファイル、データベースへの出力等

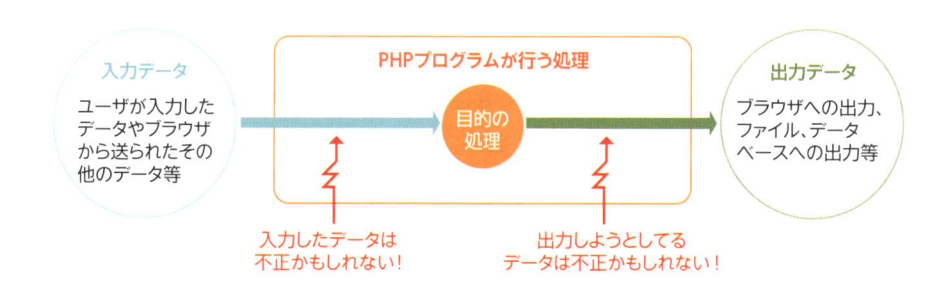

入力したデータは不正かもしれない！
出力しようとしてるデータは不正かもしれない！

● 図7.17　PHPプログラムでのデータの流れ

CHAPTER 7　画面からデータを入力してみよう

　この流れを見ると、入力データは、ユーザから送られる外部からのデータなので、どんなデータが含まれているかわかりません。もしかしたら不正な攻撃をしかけるような情報が含まれているかもしれません。万一入力データが不正な場合、それに気づかず処理すると、それをブラウザに出力することでユーザ側にダメージを与えるかもしれませんし、もっとひどい場合にはWebサーバ自身がダメージを受けてダウンしてしまうかもしれません。

　Webアプリケーションの開発者はプログラムが入出力するデータについては、不正がないかどうか常に注意を払う必要があります。セキュリティ対策の基本は、入力データのチェックと出力データの無害化です（図7.18）。

●図7.18　入力データのチェックと出力データの無害化が必要

　入力データについては、正しいデータかどうかチェックし、正しくない場合はそのデータは処理しないなどの対策が必要です。たとえば、入力されるデータが電話番号の場合は、数字のみから成っていて指定の桁数であるかをチェックすることは有効な処置となります。

　また、プログラムから出力されるデータは、Webサイトを閲覧しているユーザに送られるものです。もし、このデータの中に不正なJavaScriptコードが埋め込まれていたら、ユーザのコンピュータでそのコードが実行されてしまいます。万一入力データに不正なコードが埋め込まれていたとしても、ブラウザに出力する前に、**7-2-2**で行ったHTML出力をエスケープするなどの無害化処置 を行うことで不正なコードの実行防止につながります。

要点整理

- ✓ ユーザがサーバにデータを送る方法にはGETメソッドとPOSTメソッドがあります。
- ✓ ユーザが入力したデータは、GETメソッドの場合$_GET、POSTメソッドの場合$_POSTの連想配列を参照することにより取得できます。
- ✓ ブラウザ上の入力部品はフォームと呼ばれ、HTMLのタグによって作られます。
- ✓ ユーザが入力したデータなど外部から来たデータの入力とブラウザへの出力データにはセキュリティについて注意を払う必要があります。
- ✓ クロスサイトスクリプティング攻撃を防ぐために、HTML出力をエスケープすることが有効です。

練習問題

問題1. リストAは、図Aに示すフォーム画面のHTML文書です。「送信」ボタンを押してフォームデータを送信した場合、PHPプログラムでそのデータを受け取るための書き方を選択してください。

▼ リストA

```
 1: <html>
 2: <head>
 3: <meta http-equiv="Content-Type" content="text/html; charset=UTF-8">
 4: </head>
 5: <body>
 6: <form method="POST" action="ren07A.php">
 7: 血液型を選択してください。<br>
 8: <input type="radio" name="btype" value="1" checked>A型<br>
 9: <input type="radio" name="btype" value="2">B型<br>
10: <input type="radio" name="btype" value="3">O型<br>
11: <input type="radio" name="btype" value="4">AB型<br>
12: <input type="radio" name="btype" value="0">不明<br>
13: <input type="submit" value="送信">
14: </form>
15: </body>
16: </html>
```

```
血液型を選択してください。
◉ A型
○ B型
○ O型
○ AB型
○ 不明
[送信]
```

● 図A

① `$_POST['btype']`
② `$_GET['btype']`
③ `$_POST[btype]`
④ `$_POST['checked']`

CHAPTER 7　画面からデータを入力してみよう

問題2. 図Bに示す、名前を入力するフォーム画面のHTML文書がリストBです。入力された名前データを受け取って「○○さん、こんにちは！」と図Cのように表示するプログラムを作ってください。ただし、入力したデータをそのまま表示することはしないで、たとえば、

```
$name = htmlspecialchars($name, ENT_QUOTES, 'UTF-8');
```

のように、必ずHTML出力をエスケープしてください。PHPのプログラム名は、formName.phpとします。

● 図B

▼ リストB

```
 1: <html>
 2: <head>
 3: <meta http-equiv="Content-Type" content="text/html;
    charset=UTF-8">
 4: </head>
 5: <body>
 6: <form method="post" action="formName.php">
 7: 名前<input type="text" name="name" maxlength="30">
 8: <input type="submit" value="送信">
 9: </form>
10: </body>
11: </html>
```

はなこさん、こんにちは！

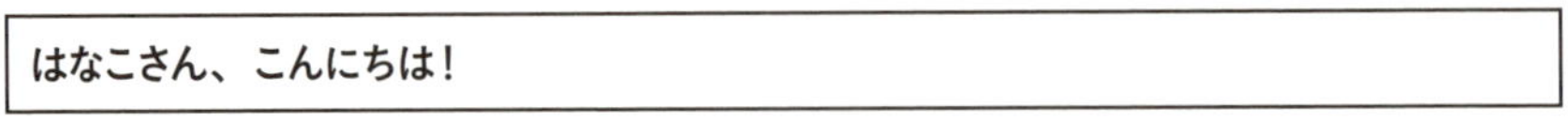

● 図C

CHAPTER 8

計算してみよう

皆さんが日常で何か計算するときには、電卓を使いますか?電卓がコンピュータの一種であるように、計算はコンピュータの得意分野です。
自分でプログラムを作れば、特定の用途に応じた専用の計算を行わせるなどということもできます。

8-1	簡単な計算をしてみる	P.114
8-2	変数を使った計算	P.119
8-3	その他の計算	P.121

CHAPTER 8　計算してみよう

8-1　簡単な計算をしてみる

計算するときに使う記号が「演算子」と呼ばれるもので、PHPには数多く用意されています。そのうちの主なものについて学んでいきます。まずは身近な題材を例に、簡単な計算をプログラムで行いましょう。

8-1-1　演算子とは？

「最近、ちょっと太っちゃってねぇ～」と周りでこぼしている人はいませんか？ または、あなた自身が近ごろおなか周りを気にし始めていませんか？
　体は割と痩せて見えるのに、おなかだけポッコリしている人は、隠れ肥満の可能性あり──要注意のようですよ。
　そこで、隠れ肥満をチェックできる計算があるので試してみてはいかがでしょうか？ 計算式は図8.1に示す簡単なものです。

隠れ肥満チェック	
隠れ肥満度 ＝ ウェスト(cm) ÷ 身長(cm)	
隠れ肥満度が0.5以上の場合	隠れ肥満の可能性があります。
隠れ肥満度が0.5未満の場合	隠れ肥満ではありません。

● 図8.1　隠れ肥満チェック

　健康への気遣いはとても大切ですが、ここでの本題は、PHPで計算を行うプログラムを作ることです。上記の計算では割り算を行っていますが、PHPでこのような計算を行うにはどうすればいいでしょうか？

　PHPには、たくさんの演算子が用意されています。**演算子**とは、計算するときに使う＋（プラス）や－（マイナス）の記号のことです。
「演算」という言葉には、あまりなじみがないかもしれませんが、「計算」と同じ意味ととらえて問題ありません。ただし、プログラミングの世界で「演算」というと、「計算する」だけでなく「処理する／操作する」という意味合いも含んでいます。実際に演算子は、計算だけでなく、文字を連結させたり、条件を判断したりする場合にも使われます。
　PHPには多くの演算子がありますが、すべてをいっぺんに覚える必要はありません。使いながら徐々に覚えていきましょう。

8-1-2 算術演算

数値の計算を行うには、**算術演算子**を使います（表8.1）。算術演算子は代数演算子とも呼ばれます。

● 表8.1　算術演算子

演算子	意味
+	足す
-	引く
*	掛ける
/	割る
%	割り算の余り

表8.1の中で、足し算と引き算で使う演算子は見慣れたものですが、掛け算と割り算については普段私たちが使うものとは異なります。

掛け算を行う場合には、*（アスタリスク）を、割り算を行う場合には、/（スラッシュ）を使います。また、%（パーセント）を使うと、割り算の余りを求めることができます。

以下に、足し算を行う例を示します。

```
$ans = 8 + 3;
```

この結果、変数$ansには11が入ります。

ここで、変数について学んだときの代入について思い出してみてください。=（イコール）がある場合、=の右側に記述した値が左側の変数に代入されます（図8.2）。

$ans = 8 + 3;
$ansに11が入ります。

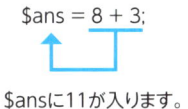

先に右辺の計算が行われ、その結果が左辺の変数に代入されます。

● 図8.2　計算結果を変数に代入

$ans = の右辺には、8 + 3の足し算が書かれていますので、まず8 + 3の足し算が行われて、その結果が変数$ansに代入されます。したがって、変数$ansには11が入ります。

それでは、前節で紹介した隠れ肥満度をチェックするプログラムを作ってみましょう。

CHAPTER 8　計算してみよう

作ってみよう ✚ 隠れ肥満をチェックするプログラム

Step1 エディタでコードを入力する

エディタに**リスト8.1**のコードを入力して、以下のファイル名で保存します。

`C:¥xammp¥htdocs¥testphp¥keisan1.php`

▼ リスト8.1　隠れ肥満をチェックするプログラム (keisan1.php)

```php
 1: <?php
 2:     header('Content-type: text/html; charset=UTF-8');
 3: ?>
 4: <html>
 5: <body>
 6: <?php
 7:     $waist = 70;              // あなたのウェスト(cm)を指定してください
 8:     $height = 170;            // あなたの身長(cm)を指定してください
 9:     $rate = $waist / $height;
10:     echo 'あなたの隠れ肥満度は、', $rate, 'です。', PHP_EOL;
11: ?>
12: </body>
13: </html>
```

Step2 Webブラウザで動作を確認する

Webブラウザから以下のURLにアクセスします。

`http://localhost/testphp/keisan1.php`

すると、Webブラウザに**図8.3**のような結果が表示されます。隠れ肥満度の数値が0.5以上の場合、隠れ肥満の可能性大ですが…結果はどうでしたか？

```
あなたの隠れ肥満度は、0.411176470588235です。
```

● 図8.3　実行結果

この隠れ肥満度チェックは、つまり「ウェストが身長の半分以上あれば隠れ肥満に該当する」ということになります。わざわざ計算するまでもないですね…。

8-1-3 割り算について

　割り算を行う場合は、/(スラッシュ)の演算子を使います。「整数 ÷ 整数」の計算を行って割り切れない場合、結果は小数点付きの数値になります。小数点数の精度（何桁まで表現するか）はプログラムを実行するコンピュータの環境により異なります。

　割り算の余りを求める場合は、パーセント(%)の演算子を使います。たとえば、8 ÷ 3の余りを求める場合は、以下のように書きます。

```
$ans = 8 % 3;
```

　この結果、変数$ansは2になります。

　0で割る割り算はできません。実行するとエラーが発生します。たとえば、以下のような割り算を実行すると、エラーが発生し図8.4のようなエラーメッセージが表示されてしまいます。

```
$aaa = 0;
$ans = 8 / $aaa;              // 割る数を0にすると、エラーが発生します。
```

```
Warning: Division by zero in C:¥xammp¥htdocs¥testphp¥keisan.php on line 9
```

● 図8.4　0で割るとエラー

　特に、割る数を変数に入れる場合は、誤って0が入っていないか注意しましょう。

8-1-4 演算子には優先順位がある

　演算子には優先順位があります。そのため、複数の演算子を使って計算を行う場合には、その優先順位に注意する必要があります。

　リスト8.2のコードを見てください。7行目の計算結果は18ではなく、16になります。これは、乗算演算子(*)は加算演算子(+)より優先順位が高いからです。もし足し算を先に行いたければ、10行目のように先に計算したい部分をカッコで囲みます。

　それでは、演算子の優先順位を確認するプログラムを作ってみましょう。

CHAPTER 8　計算してみよう

作ってみよう ➕ 演算子の優先順位を確認するプログラム

Step1　エディタでコードを入力する

エディタに**リスト8.2**のコードを入力して、以下のファイル名で保存します。

`C:¥xammp¥htdocs¥testphp¥keisan2.php`

▼ リスト8.2　演算子の優先順位を確認するプログラム (keisan2.php)

```
 1: <?php
 2:     header('Content-type: text/html; charset=UTF-8');
 3: ?>
 4: <html>
 5: <body>
 6: <?php
 7:     $kekka = 1 + 5 * 3;              // 5 * 3 が先に計算されます
 8:     echo '1 + 5 * 3 = ', $kekka, '<br>', PHP_EOL;
 9:
10:     $kekka = (1 + 5) * 3;            // 1 + 5 が先に計算されます
11:     echo '(1 + 5) * 3 = ', $kekka, '<br>', PHP_EOL;
12: ?>
13: </body>
14: </html>
```

Step2　Webブラウザで動作を確認

Webブラウザから以下のURLにアクセスします。

`http://localhost/testphp/keisan2.php`

すると、Webブラウザに**図8.5**のような結果が表示されます。

```
1 + 5 * 3 = 16
(1 + 5) * 3 = 18
```

● 図8.5　実行結果

　PHPの演算子はたくさんあるので、その優先順位をすべて覚えるのは困難です。そのため、複数の演算子を使って計算するときは、演算子の優先順位にかかわらず、先に計算する部分をカッコで囲むと良いでしょう。そうすることで、プログラムがより見やすくなります。

8-2 変数を使った計算

「計算は変数を使って行うもの」と言っても過言ではないでしょう。プログラムでは、変数を使って計算できるからこそ、いろいろと変化するデータに応じた処理を行えるのです。

8-2-1 ▶ 変数を使って計算する

計算には変数を使うこともできるので、以下のような記述も可能です。

```
$ccc = 10;
$ans = $ccc - 3;
```

この結果、$ans には7が入ります。$ccc は10のままです。$ccc から3を引くので、$ccc の値が変化してしまうと思うかもしれませんが、そうではありません。「$ans = $ccc - 3;」を実行したとき、$ccc の値は参照されるだけなので、変化しません（図8.6）。

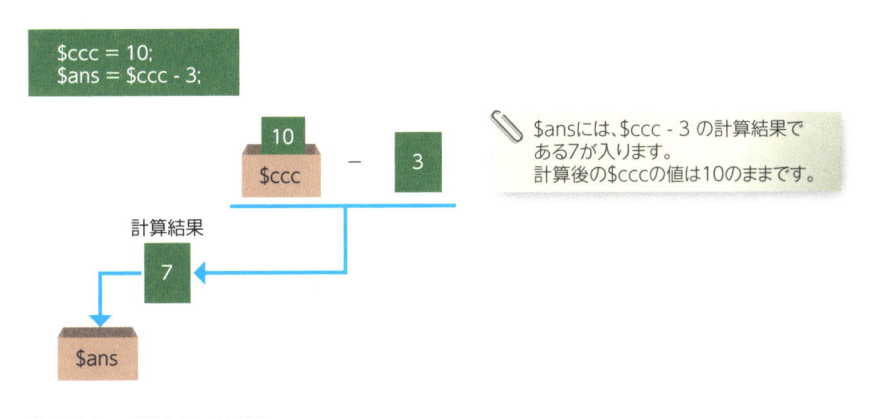

●図8.6 変数を使った計算

8-2-2 変数を使いまわして計算する

計算で使った変数に計算結果を入れることもできます。以下に例を示します。

```
$ccc = 10;
$ccc = $ccc - 3;
```

2行目では、$cccを右辺で計算に使い、さらに、その計算結果を入れる変数としても使っています。

「$ccc = $ccc - 3;」のように書いた場合には、先に「$ccc - 3」の計算が行われ、その結果が$cccに入ります（図8.7）。変数の値は何度でも入れ替え可能なので、このような書き方ができるのです。

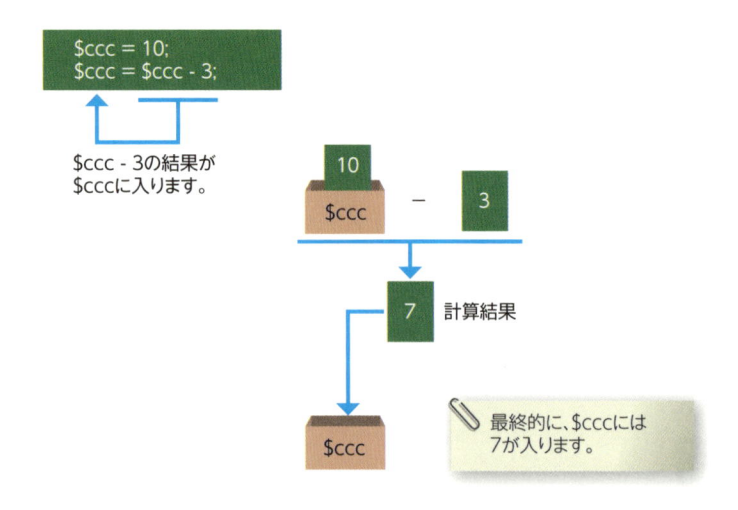

● 図8.7　変数を再利用する

8-3 その他の計算

PHPにはたくさんの演算子がありますが、よく使う便利な演算子を紹介します。使いながら少しずつ覚えていきましょう。

8-3-1 インクリメントとデクリメント

　プログラムの処理中には、1つずつ数を数える場面があります。たとえば、何かの処理を100回繰り返す場合には、その回数を1から100まで数える必要があります。
　ここで、変数に入っている値を1つ増やす処理を考えてみましょう。たとえば、変数$aaaがあって、その変数の値を1つ増やすには、以下のように記述できます。

```
$aaa = 1;
$aaa = $aaa + 1;        // $aaaの値を1つ増やします。$aaaの値は2になります。
```

　上記はもちろん正しい書き方ですが、インクリメント演算子である++を使うと、同じ処理をより簡潔に記述できます。

```
$aaa = 1;
$aaa ++;                // $aaaの値を1つ増やします。$aaaの値は2になります。
                        // $aaa = $aaa + 1; と書いたのと同じです。
```

　インクリメント演算子とデクリメント演算子は、変数に入っている値を1つ増やしたり、1つ減らしたりできます。インクリメント演算子／デクリメント演算子の一覧を表8.2にまとめます。

▼ 表8.2　インクリメント演算子／デクリメント演算子

演算子	名前	使い方	処理
++	インクリメント演算子	$aaa ++ または ++ $aaa	変数$aaaの値に1を足す
--	デクリメント演算子	$aaa -- または -- $aaa	変数$aaaの値から1を引く

　データの値を増やすことを**インクリメント**、減らすことを**デクリメント**といいます。
　インクリメントという言葉は、単に「増加」という意味を持ちますが、プログラミング用語としては、「1つ増やす」という意味で使われる場合が多くあります。同様にデクリメントは、「1つ減らす」という意味で使われる場合が多くあります。

CHAPTER 8　計算してみよう

　インクリメント演算子を使って変数の値を1つ増やすには、以下のどちらかの書き方が可能です。

```
$aaa ++;    または    ++ $aaa;
```

　値を1つ増やしたい変数の前か後ろに、++を付けます。値を1つ減らしたい場合は、その変数の前か後ろに、--を付けます。

```
$aaa --;    または    -- $aaa;
```

　以下のように、変数名と演算子の間にスペースを入れずにくっつけて書いても問題ありません。この書き方もよく見られます。

```
$aaa++;         ++$aaa;         $aaa--;         --$aaa;
```

　++や--を変数の前に付けた場合と後ろに付けた場合では、動作に違いがあります。それは計算されるタイミングです。図8.8に例を示します。

```
++の演算子を…
┌─────────────────────┐        ┌─────────────────────┐
│ 変数の後ろに書いた場合 │        │ 変数の前に書いた場合 │
└─────────────────────┘        └─────────────────────┘
   $aaa = 1;                      $aaa = 1;
   $ccc = $aaa ++;                $ccc = ++ $aaa;
          ▼                              ▼
結果  $cccは1になります。        結果  $cccは2になります。
      $aaaは2になります。              $aaaは2になります。

$cccに$aaaの値が代入された後、$aaa      $aaaの値が1つ増えた後、$cccに代入さ
の値が1つ増えます。                     れます。
結果、$cccは1になります。$aaaは2にな    結果、$cccは2になります。$aaaは2にな
ります。                                ります。
```

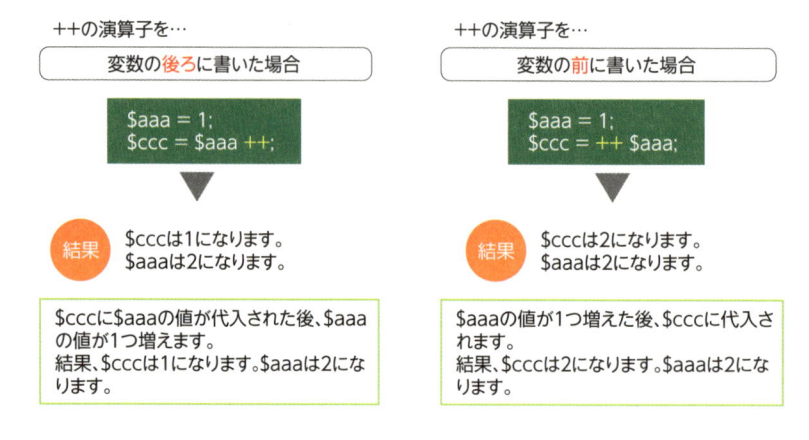

●図8.8　演算子の位置による計算タイミング

　「$aaa ++;」や「++ $aaa;」と記述した場合は、単に$aaaの値が1つ増えるだけなので、特に問題はありません。しかし、「$ccc = $aaa ++;」や「$ccc = ++ $aaa;」のように記述する場合には、++の演算子を変数の前後どちらに置くかによって計算のタイミングが異なりますので、注意しましょう。
　また、インクリメント演算子とデクリメント演算子は、変数に対して使う演算子なので、変数でない値に対して使うことはできません（図8.9）。

× 記述できない例

5 ++;

5は、変数ではないので、このようには書けません。

● 図8.9 インクリメント／デクリメント演算子の記述できない例

作ってみよう ✚ インクリメント／デクリメント演算子を使うプログラム

Step1 エディタでコードを入力する

エディタに**リスト8.3**のコードを入力して、以下のファイル名で保存します。

C:¥xammp¥htdocs¥testphp¥keisan3.php

▼ リスト8.3　インクリメント／デクリメント演算子を使うプログラム (keisan3.php)

```php
 1: <?php
 2:     header('Content-type: text/html; charset=UTF-8');
 3: ?>
 4: <html>
 5: <body>
 6: <?php
 7:     $hensu = 3;
 8:     echo '変数の値は', $hensu, 'です。<br><br>', PHP_EOL;
 9:
10:     echo 'インクリメントします。<br>', PHP_EOL;
11:     $hensu ++;                                      // インクリメント
12:     echo $hensu, 'になりました。<br><br>', PHP_EOL;
13:
14:     echo 'デクリメントします。<br>', PHP_EOL;
15:     $hensu --;                                      // デクリメント
16:     echo $hensu, 'になりました。<br>', PHP_EOL;
17: ?>
18: </body>
19: </html>
```

Step2 Webブラウザで動作を確認

Webブラウザから次のURLにアクセスします。

http://localhost/testphp/keisan3.php

図8.10のような結果が表示されれば成功です。

```
変数の値は3です。

インクリメントします。
4になりました。

デクリメントします。
3になりました。
```

● 図8.10　実行結果

8-3-2 ▶ 文字列演算子

　文字列は数値ではないので計算はできませんが、文字列用の演算子があります。それは、文字列演算子「.」（ピリオド）です。文字列演算子を使うと文字列を連結できます。たとえば、以下のように使います。

```
$str = '味噌' . '煮込みうどん';
```

　この結果、変数$strには、'味噌煮込みうどん'という文字列が入ります。**図8.11**のように、変数に入っている文字列を連結させることもできます。

```
$aaa = '味噌';
$bbb = '煮込みうどん';
$str = $aaa . $bbb;
```

変数$strの値は
'味噌煮込みうどん'
になります

● 図8.11　文字列の連結

8-3-3 ▶ 代入演算子と複合演算子

　これまでに何度か使っていますが、変数に値を代入するときに使う演算子が＝（代入演算子）です。
　＝（代入演算子）の後ろに他の演算子を置いて組み合わせたものを**複合演算子**といいます。代表的な複合演算子を**表**8.3に示します。**表**8.3の「使い方」に書かれた記述を行うと、「同じ処理」の欄に書かれた記述を行ったのと同じ動作になります。

▼ 表8.3　複合演算子

複合演算子	使い方	同じ処理	意味
+=	$aaa += $bbb	$aaa = $aaa + $bbb	加算代入
-=	$aaa -= $bbb	$aaa = $aaa - $bbb	減算代入
*=	$aaa *= $bbb	$aaa = $aaa * $bbb	乗算代入
/=	$aaa /= $bbb	$aaa = $aaa / $bbb	除算代入
%=	$aaa %= $bbb	$aaa = $aaa % $bbb	剰余代入
.=	$aaa .= $bbb	$aaa = $aaa . $bbb	連結代入

以下の例では、複合演算子の＋＝を使っています。

```
$aaa = 1;
$bbb = 2;
$aaa += $bbb;
echo '$aaaは', $aaa, 'です。<br>';
echo '$bbbは', $bbb, 'です。<br>';
```

これを実行した結果、変数$aaaの値は何になると思いますか？
「$aaa += $bbb;」を実行すると、「$aaa = $aaa + $bbb;」と書いて実行したのと同じ結果になります。よって、「$aaa + $bbb」の計算結果である3が、変数$aaaに代入されます。

```
$aaaは3です。
$bbbは2です。
```

図8.12の例では、複合演算子の．＝を使って文字列を連結しています。結果、変数$cccの値は、'かき氷いちご練乳がけ'という文字列になります。

```
$ccc = 'かき氷';
$ddd = 'いちご練乳がけ';
$ccc .= $ddd;
```

変数$cccの値は
'かき氷いちご練乳がけ'
になります

● 図8.12　文字列の連結代入

図8.13の3つの文はすべて、$aaaの値に1を足す処理を行いますので、同じ結果になります。

CHAPTER 8　計算してみよう

① $aaa ++;
② $aaa += 1;
③ $aaa = $aaa + 1;

> すべて変数$aaaの値に
> 1を足す処理を行います。

● 図8.13　変数に1を足す書き方

作ってみよう ➡ 複合演算子を使って計算するプログラム

Step1　エディタでコードを入力

エディタに**リスト8.4**のコードを入力して、以下のファイル名で保存します。

C:¥xammp¥htdocs¥testphp¥keisan4.php

▼ リスト8.4　複合演算子を使って計算するプログラム (keisan4.php)

```
 1: <?php
 2:     header('Content-type: text/html; charset=UTF-8');
 3: ?>
 4: <html>
 5: <body>
 6: <?php
 7:     $num = 3;
 8:     $num += 6;
 9:     echo $num, '<br>';
10:     $num -= 3;
11:     echo $num, '<br>';
12:     $num *= 7;
13:     echo $num, '<br>';
14:     $num /= 6;
15:     echo $num, '<br>';
16:     $num %= 3;
17:     echo $num, '<br>';
18:
19:     $str = '明太子';
20:     $str .= 'チーズ';
21:     $str .= 'もんじゃ';
22:     echo $str;
23: ?>
24: </body>
25: </html>
```

Step2 ▶ Webブラウザで動作を確認

Webブラウザから以下のURLにアクセスします。

http://localhost/testphp/keisan4.php

すると、Webブラウザに図8.14のような結果が表示されます。なお、複合演算子は計算式を簡潔に書けるので、よく使われています。

```
9
6
42
7
1
明太子チーズもんじゃ
```

● 図8.14　実行結果

要点整理

- ✔ 演算子とは計算などを行うときに使う+や−などの記号のことです。
- ✔ 演算子には優先度があります。意図的に優先させる計算をカッコ()で囲みます。
- ✔ インクリメント演算子、デクリメント演算子を書く位置に注意しましょう。
- ✔ 複合演算子を使うと、演算の式を効率的に記述できます。

練習問題

問題1. リストAのコードを実行したあと、変数 $bbbの値はいくつになるか選択してください。

▼ リストA

```
$aaa = 1;
$bbb = $aaa ++;
```

① 1
② 2
③ 3
④ 4

CHAPTER 8 計算してみよう

問題2. リストBのコードを実行したあと、変数$aaaと$bbbの値はそれぞれいくつになるか選択してください。

▼ リストB

```
$aaa = 100;
$bbb = 200;
$bbb = $aaa + $bbb;
```

① $aaaの値は200、$bbbの値は200になる。
② $aaaの値は300、$bbbの値は200になる。
③ $aaaの値は300、$bbbの値は300になる。
④ $aaaの値は100、$bbbの値は300になる。

問題3. リストCで、変数$aaa、$bbb、$cccの平均値を求めるように空欄①を埋めてください。リストCの実行結果は、図Aのようになります。

▼ リストC

```
 1: <?php
 2:     header('Content-type: text/html; charset=UTF-8');
 3: ?>
 4: <html>
 5: <body>
 6: <?php
 7:     $aaa = 86;
 8:     $bbb = 70;
 9:     $ccc = 93;
10:     $ave =        ①        ;
11:     echo '平均値は', $ave;
12: ?>
13: </body>
14: </html>
```

```
平均値は83
```

● 図A　リストCの実行結果

CHAPTER 9

条件によって処理を変える

プログラムが作れるようになってくると、「ある場面ではあんな処理をしたい、また別の場面ではこんな処理をしたい」という要望が出てきます。そのような要望をかなえるために、処理の流れを制御する方法を学んでいきましょう。

9-1	処理の流れを変えるには？	P.130
9-2	状況に応じて処理を変える	P.132
9-3	もし〜なら…する（if文）	P.133
9-4	条件の書き方	P.141
9-5	論理演算子で条件を組み合わせる	P.145
9-6	複数の条件から選ぶ（switch文）	P.151

CHAPTER 9　条件によって処理を変える

9-1　処理の流れを変えるには？

さまざまな状況に応じた処理を行うために、ときには処理の流れを変化させる必要がでてきます。プログラムの処理の流れを制御するには、いくつかの用法がありますので、順番に学んでいきましょう。

9-1-1　制御構文とは？

プログラムはさまざまな処理を行います。盛り込む機能が多くなれば、プログラムの量も増えていきます。しかし、どんなに大規模なプログラムも、小さな処理を集めて組み合わせたものに変わりはありません。

一般に、プログラムは以下に示す3つの基本的な構造が組み合わされて成り立っています。

① 順次
② 条件分岐
③ 繰り返し

それぞれの構造について、フローチャート（流れ図）で説明します（図9.1）。フローチャートとは、JIS規格（JIS X 0121）で定められた流れ図記号を用いて、処理の流れを視覚的に表した図のことです。

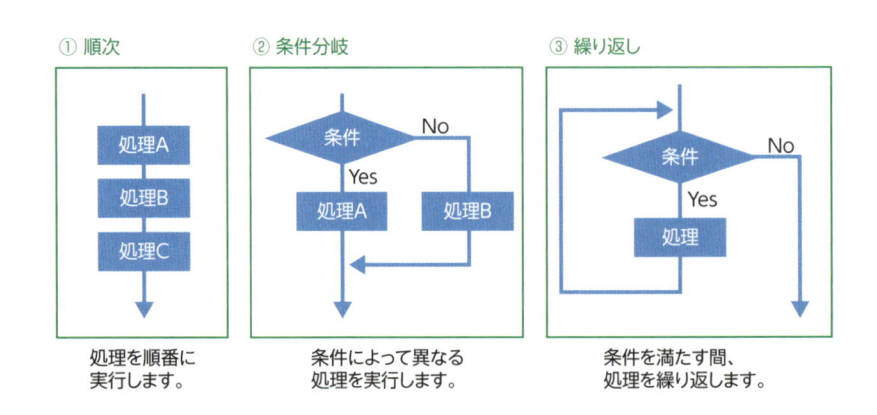

● 図9.1　プログラムの基本構造

②と③の図を見ると、①と比べて処理の流れが一直線的でないことがイメージできるのではないでしょうか？

本書でこれまでに作ってきたプログラムは、プログラムに書かれた処理が上から下へ流れるように順番に実行されていく①の順次構造でした。①**順次**に加えて②**条件分岐**と③**繰り返し**の構造を用いると、状況に応じて処理の流れを変化させることができます。

たとえば、朝／昼／夜の時間帯によって異なるメッセージを画面に表示したり、ユーザが画面から入力した内容に応じて処理を行ったりする場合などは、①の一直線的な構造だけでプログラムを作り上げるのは困難でしょう。

9-1-2 PHPに用意されている制御構文

プログラムの処理を組み上げていくうえで、②**条件分岐**と③**繰り返し**の構造を作るために使うのが**制御構文**です。制御構文とは、処理の流れを制御するためのプログラムの書き方です。

PHPには、図9.2に示す何種類かの制御構文が用意されています。

条件分岐 の構造を作るための制御構文	繰り返し の構造を作るための制御構文
・if文（if, if〜else, if〜elseif） ・switch文	・while文（while, do〜while） ・for文 ・foreach文

● 図9.2　制御構文

制御構文を組み合わせてプログラムを作り上げられるからこそ、さまざまな状況に応じた処理が行えるのです。

以降では、それぞれの構文について学んでいきます。

CHAPTER 9　条件によって処理を変える

9-2　状況に応じて処理を変える

「条件分岐」と聞くとちょっと難しく感じますが、私たちも条件分岐に似た行動をとることは多くあります。ここでは、「条件」と関わりのある「真偽」の概念についても説明します。

9-2-1 ▶ 条件分岐とは？

　日常生活の中では、「もしナニナニなら、ナニナニする」という行動を自然にとっています。たとえば、「もし財布の中にお金がちょっとしかなければ、ATMでお金を下ろす」とか「もし雨が降りそうなら、傘を持って出かける」などは、そうですね。条件によって、それに対応する行動を行うか行わないかが分かれます。

　プログラムの処理でも同じようなことがあります。ある場合にはこの処理をしなければならない、またある場合にはあの処理をしなければならないという場合には、条件によって処理を分岐させます。

9-2-2 ▶ 条件としての真偽

　ここでは、真（TRUE）と偽（FALSE）の概念について説明します（図9.3）。

　条件を満たしていることを「**真**（しん）：TRUE」、条件を満たしていないことを「**偽**（ぎ）：FALSE」といいます。または、「正しい」が「真」に該当し、「正しくない」が「偽」に該当するともいえます。

● 図9.3　真／偽とは

　なんのことだか意味不明かもしれません。「真（TRUE）」と「偽（FALSE）」というものをどのようにプログラムで使うかは、徐々に説明していきます。いまの時点では、真偽という概念があることを覚えておきましょう。

　PHPではこの概念をあらわすためのデータ型として、論理型（boolean）があります。

9-3 もし~なら…する（if文）

条件によって異なる処理を行うことができるif文について学びます。if文の書き方は何種類かあり、状況に応じて使い分けます。

9-3-1 if文の使い方

if文（イフぶん）は簡単にいえば、「もしナニナニなら、ナニナニする」という処理の流れを作るための構文です。if文を使うと、条件によって処理を変えることができます。

if文の書き方は何通りかありますが、基本的には以下の3つです。

- if文（ifブロックのみ）
- if～else文
- if～elseif文

以降では、それぞれの書き方について説明していきます。

9-3-2 条件に合う場合に処理する（if文）

if文のみを書いたときには、指定した条件に合う場合に処理を実行します。if文の構文を以下に示します。

構文 ● **if文** — 条件に合う場合に処理する

```
if ( 条件 ) {
    条件に合っている場合の処理;
        :
        :
}
```
—— この間がifブロックです。

ifを「もし～ならば」と読んでみるとわかりやすいでしょうか。

ifの後ろには丸カッコ ( ) を書き、丸カッコの中に条件を書きます。if (条件) の後に続く波カッコ { と } で囲まれた部分をifブロック[注1]といいます。

TIPS （注1） プログラム内で波カッコ { と } で囲まれた部分はブロックと呼ばれ、ひとまとまりの処理を示すために使われます。

CHAPTER 9　条件によって処理を変える

　丸カッコ内に記述した条件に合っている場合、ifブロック内の処理が実行されます。プログラマらしく言うと、条件が真の場合ifブロック内の処理が実行されます。
　if文の処理の流れをフローチャートであらわすと、図9.4のようになります。

```
もし条件に合えば、処理を実行する　………　ifブロック
```

条件に合っている場合、処理を実行します

※図の「Yes」は条件に合っていることを示しています。
「No」は条件に合っていないことを示しています。

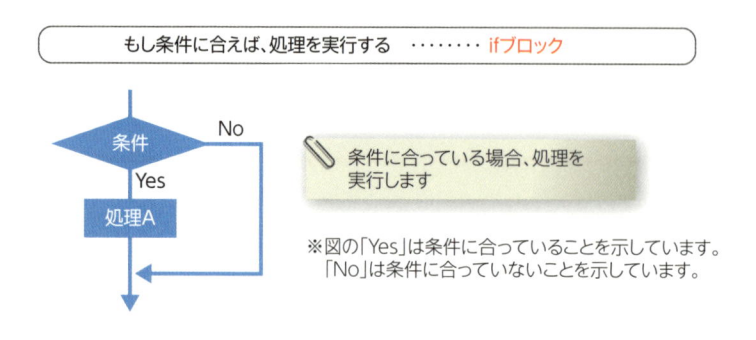

● 図9.4　if文

　if文を使ったコード例を以下に示します。

```
$var = 10;
if( $var == 10 ){
    echo '変数の値は10です。';
}
```

　2行目のif文の意味は、「**もし変数$varが10ならば**」となります。そして、その条件を満たしている場合、ifブロックの中の処理が実行されます。この例では、変数$varの値が10の場合、3行目の処理が実行され「変数の値は10です。」と画面に表示されます。もし条件を満たしていない場合——つまり、変数$varが10でない場合は、3行目の処理は行われません。
　次に条件を少し変えてみましょう。

```
$var = 10;
if( $var <= 5 ){
    echo '変数の値は5以下です。';
}
```

　2行目のif文の意味は、「**もし変数$varが5以下ならば**」となります。このコードでは、$varは5以下ではないので3行目の処理は実行されません。
　上記の例で、if文の記述に使った==や<=は、2つの値を比較するために使う比較演算子の一部です。ほかにもいろいろな比較演算子がありますが、詳しくは9-4-1で説明します。

9-3-3 ▶ 条件に合わない場合にも処理する（if～else文）

9-3-2で説明したif文では、条件に合っている場合にのみ処理を行いました。条件に合わない場合にも何か別の処理を行わせたい場合は、**if～else文**（イフエルスぶん）を使います。
if～else文の構文を以下に示します。

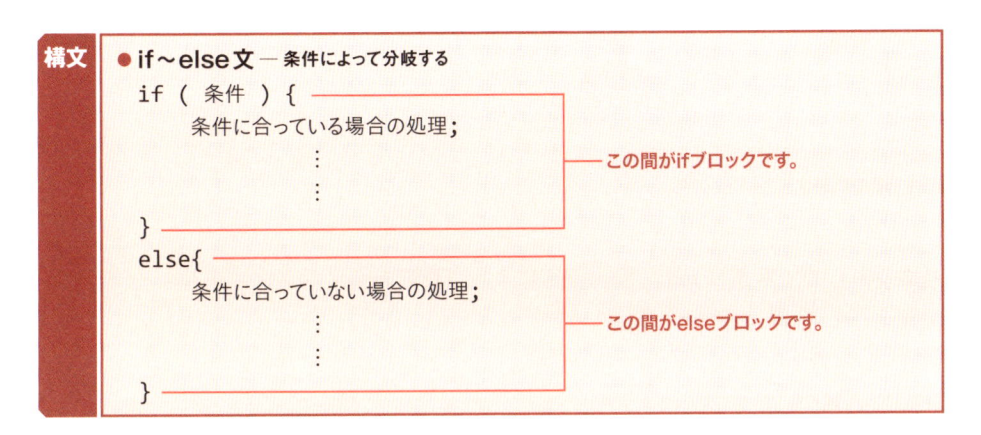

構文
- **if～else文** ― 条件によって分岐する

```
if ( 条件 ) {
    条件に合っている場合の処理；
       ⋮
       ⋮
}
else{
    条件に合っていない場合の処理；
       ⋮
       ⋮
}
```

― この間がifブロックです。
― この間がelseブロックです。

ifは「もし～ならば」と読むことができましたが、elseは「そうでなければ」と読むことができます。

ifブロックの後ろにelseブロックを記述し、その中に条件に合っていない場合に実行する処理を書きます。if～else文では、条件に合っている場合ifブロック内の処理が実行され、条件に合っていない場合elseブロック内の処理が実行されます。

if～else文の処理の流れをフローチャートであらわすと、図9.5のようになります。

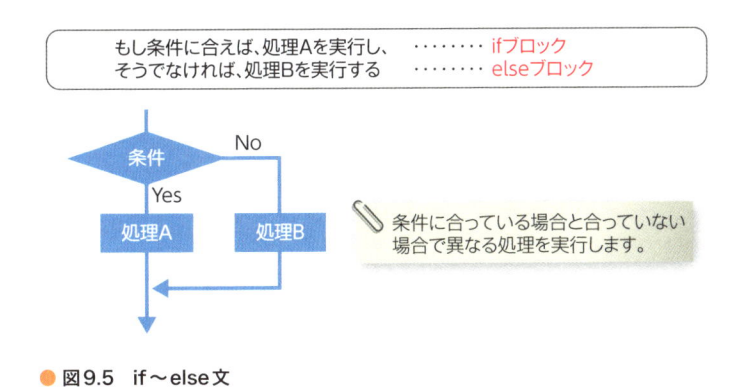

もし条件に合えば、処理Aを実行し、　　……… ifブロック
そうでなければ、処理Bを実行する　　　……… elseブロック

条件に合っている場合と合っていない場合で異なる処理を実行します。

● 図9.5　if～else文

ところで、朝の出来事としてこんなことはありませんか？ 朝起きて空模様を見ると、どんより曇っています。あなたはそろそろ出かけなければなりませんが、傘を持って出るかどうか迷ってしまいます。

CHAPTER 9 条件によって処理を変える

そんなときに、天気予報で発表された降水確率によって傘を持って出るかどうかを判断する人もいるのではないでしょうか。

たとえば、図9.6のような行動に出るとしましょう。

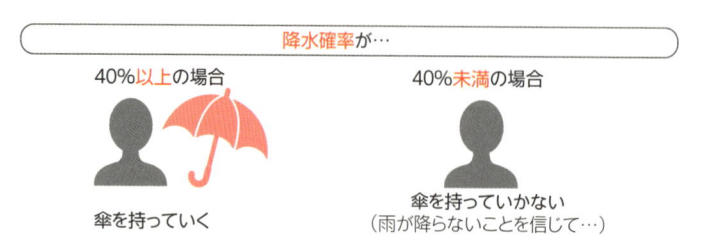

●図9.6　降水確率で行動を判断する

この行動をプログラムにしてみましょう。降水確率によって処理を変えるプログラムを作ります。

作ってみよう ✚ if～else文を使うプログラム

Step1 エディタでコードを入力

エディタにリスト9.1のコードを入力して、以下のファイル名で保存します。

`C:¥xammp¥htdocs¥testphp¥if1.php`

▼リスト9.1　if～else文を使うプログラム（if1.php）

```php
 1: <?php
 2:    header('Content-type: text/html; charset=UTF-8');
 3: ?>
 4: <html>
 5: <body>
 6: <?php
 7:    $rainRt = 50;                          // 降水確率(%)を指定します
 8:    echo '降水確率は', $rainRt, '%です。<br>';
 9:
10:    if( $rainRt >= 40 ){
11:       echo '傘を持っていきます。';
12:    }
13:    else{
14:       echo '傘を持っていきません。';
15:    }
16: ?>
17: </body>
18: </html>
```

> **Step2** **Webブラウザで動作を確認**

Webブラウザから以下のURLにアクセスします。図9.7のような結果が表示されれば成功です。

```
http://localhost/testphp/if1.php
```

```
降水確率は50%です。
傘を持っていきます。
```

● 図9.7　実行結果　降水確率が40%以上

リスト9.1では、10行目にif文の条件を書いています。

```
if ( $rainRt >= 40 )
```

これは、「変数$rainRt が 40以上ならば」という条件をあらわしています。変数$rainRtには50が入っていて条件に合うので、ifブロックの中の'傘をもっていきます。'と表示する処理が実行されています。

さて次に、降水確率を40％未満の数値に変えて実行してみましょう。たとえば、35％にしてみます。すると、図9.8のような結果が表示されます。今度は条件に合わないので、elseブロックの処理が実行されていることがわかります。

```
降水確率は35%です。
傘を持っていきません。
```

● 図9.8　実行結果　降水確率が40%未満

9-3-4　複数の条件で分岐する（if〜elseif文）

9-3-3では、降水確率によって傘を持って出かける行動を例にしました。こんどはさらに条件を増やして、図9.9のような行動を考えてみます。

● 図9.9　降水確率で行動を判断する

CHAPTER 9　条件によって処理を変える

　相変わらず、降水確率が40％未満のときは傘を持っていきたがらないようです。ただ、降水確率の数値によって持っていく傘の種類を変えるようです。

　前節では条件が「降水確率が40％以上かそうでないか」の二者択一でしたが、今回は条件が増えてしまいました。

　このように、複数の条件によって異なる処理を行いたい場合には、**if～elseif文**（イフエルスイフぶん）を使えます。if～elseif文の構文を以下に示します。

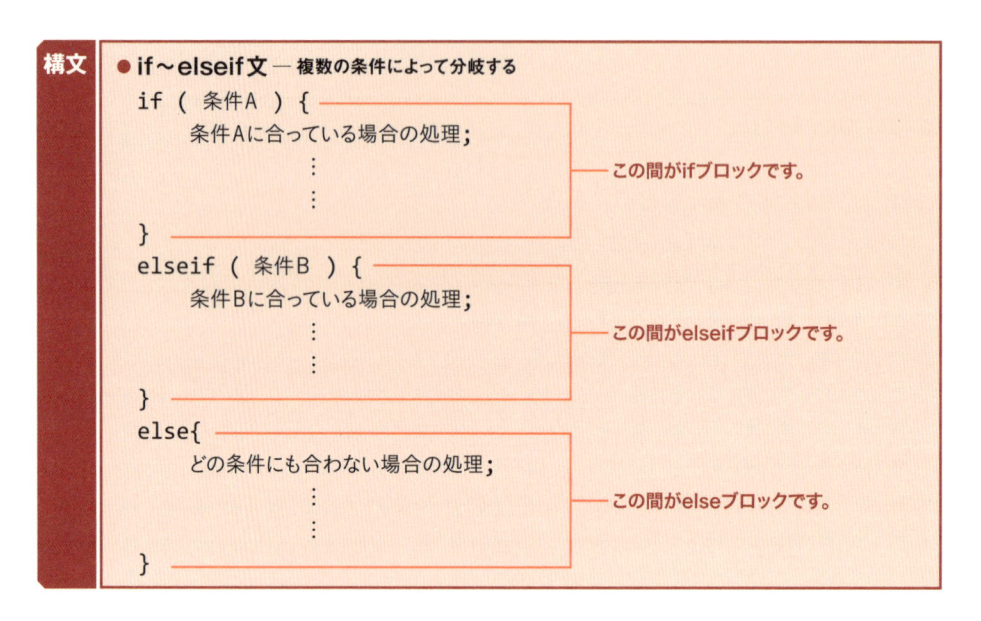

構文　●**if～elseif文** ── 複数の条件によって分岐する

```
if ( 条件A ) {
    条件Aに合っている場合の処理；
        ⋮
        ⋮
}
elseif ( 条件B ) {
    条件Bに合っている場合の処理；
        ⋮
        ⋮
}
else{
    どの条件にも合わない場合の処理；
        ⋮
        ⋮
}
```

── この間がifブロックです。
── この間がelseifブロックです。
── この間がelseブロックです。

　最初の条件をifブロックに記述し、2番目の条件をelseifブロックに記述します。条件がもっとある場合はelseifブロックを続けて複数書くことができます。

　ifとelseifに書いたどの条件にも合わない場合に実行する処理をelseブロックに書きます。なお、どの条件にも合わないときの処理を行わない場合は、elseブロックは省略可能です。

　if～elseif文の処理の流れをフローチャートであらわすと、図9.10のようになります。

```
もし条件Aに合えば、処理Aを実行し、          ……… ifブロック
そうでなくてもし条件Bに合えば、処理Bを実行し、  ……… elseifブロック
そうでなければ、処理Cを実行する              ……… elseブロック
```

条件ごとに異なる処理を実行します。

● 図9.10　if～elseif文

それでは、複数の降水確率の条件によって処理を変えるプログラムを作ってみましょう。

作ってみよう ✛ if～elseif文を使うプログラム

Step1 エディタでコードを入力

エディタにリスト9.2のコードを入力して、以下のファイル名で保存します。

C:¥xammp¥htdocs¥testphp¥if2.php

▼ リスト9.2　if～elseif文を使うプログラム（if2.php）

```php
 1: <?php
 2:    header('Content-type: text/html; charset=UTF-8');
 3: ?>
 4: <html>
 5: <body>
 6: <?php
 7:    $rainRt = 45;                          // 降水確率（%）を指定します
 8:    echo '降水確率は', $rainRt, '%です。<br>';
 9:
10:    if( $rainRt >= 70 ){
11:       echo '長い傘を持っていきます。';
12:    }
13:    elseif( $rainRt >= 40 ){
14:       echo '折りたたみ傘を持っていきます。';
15:    }
16:    else{
17:       echo '傘を持っていきません。';
18:    }
19: ?>
20: </body>
21: </html>
```

CHAPTER 9　条件によって処理を変える

Step2　Webブラウザで動作を確認

Webブラウザから以下のURLにアクセスします。

http://localhost/testphp/if2.php

図9.11のような結果が表示されれば成功です。

降水確率は45％です。
折りたたみ傘を持っていきます。

● 図9.11　実行結果

次に、降水確率をいろいろ変えて試してみてください。降水確率に応じて、図9.12、13のような結果が表示されます。

降水確率は72％です。
長い傘を持っていきます。

● 図9.12　実行結果　降水確率が70％以上

降水確率は38％です。
傘を持っていきません。

● 図9.13　実行結果　降水確率が40％未満

9-4 条件の書き方

if文を使うには、処理を分岐させるための条件を作る必要があります。条件の書き方はいろいろありますので、少しずつ覚えていきましょう。

9-4-1 比較演算子を使った条件

比較演算子は2つの値を比較するために使います。たくさんありますが、使いながら徐々に覚えていけば問題ありません（表9.1）。

● 表9.1　比較演算子

比較演算子	意味
==	左辺と右辺は等しい
===	左辺と右辺は等しく、同じデータ型である
!=	左辺と右辺は等しくない
<>	左辺と右辺は等しくない（!= と同じ）
!==	左辺と右辺は等しくないか、異なるデータ型である
<	左辺は右辺より小さい
>	左辺は右辺より大きい
<=	左辺は右辺以下である
>=	左辺は右辺以上である

2つの値を比較した結果、それが正しければ「真:TRUE」を正しくなければ「偽:FALSE」を返すという動作をします。その性質を利用してif文などで条件を判定するために使えます。

ここでは、==と===の違いについて確認してみましょう。

以下のプログラムを見てください。これを実行すると、結果はどうなると思いますか？

```php
$str = '123';
if( $str == 123 ){
    echo '等しいです。';
}
else{
    echo '等しくないです。';
}
```

この結果、Webブラウザには次のように表示されます。

```
等しいです。
```

2行目のif文では、文字列の'123'が入った$strと数値の123を比較していますが、両者は等しいものと判定されます。

PHPは、文脈に応じて、実行時にデータ型を決定するという特徴があります。

場合によっては、文字列の'123'と数値の123を等しいものとして扱っては問題がある場面もあるかもしれません。そのようなときには、データ型のチェックも含めて行う===を使えます。

```
$str = '123';
if( $str === 123 ){
    echo '等しいです。';
}
else{
    echo '等しくないです。';
}
```

この結果、Webブラウザには以下のように表示されます。

```
等しくないです。
```

場合によって、==と===を使い分ける必要があります。!=と!==についても同様です。

9-4-2 変数の値を条件判定に使う

変数の値をそのまま条件として判定することもできます。

```
$var = 1;
if( $var ){
    echo 'TRUEです。';
}
else{
    echo 'FALSEです。';
}
```

この結果、Webブラウザには以下のように表示されます。

```
TRUEです。
```

このif文では、変数$varが真（TRUE）であるか偽（FALSE）であるかどうかが判定されます。$varには1が入っていますが、1は「真（TRUE）」と判定されるため'TRUEです。'と表示されます。

値の真偽（値がTRUEと判定されるかFALSEと判定されるか）を判断するための規則があります。たとえば、表9.2に示すそれぞれの値を変数$varに代入した状態でif($var)のように条件判定を行った場合、偽（FALSE）と判定されます。また、変数に何も代入していない状態のときにその変数を条件判定すると、偽と判定されます。

● 表9.2　偽（FALSE）と判定される値

値	説明
$var = "";	空の文字列
$var = '';	空の文字列
$var = NULL;	NULL値
$var = FALSE;	ブール値のFALSE
$var = 0;	数値の0
$var = 0.0;	数値の0.0
$var = "0";	文字列の"0"
$var = '0';	文字列の'0'

数値を判定する場合は、0以外の数値は真（TRUE）と判断されます。

以下の例を見てください。コード1では$varに2を代入しています。コード2では$varに-1を代入しています。それぞれの結果はどうなると思いますか？

● コード1

```
$var = 2;
if( $var ){
    echo 'TRUEです。';
}
else{
    echo 'FALSEです。';
}
```

● コード2

```
$var = -1;
if( $var ){
    echo 'TRUEです。';
}
else{
    echo 'FALSEです。';
}
```

結果は、コード1とコード2の両方とも以下のように表示されます。

> TRUEです。

$varは2ですが「0以外」であるので、真と判断されます。$varは-1ですが「0以外」であるので、こちらも真と判断されるのです。

また、条件を判定する書き方として、関数の戻り値を使う用法があります。この用法については、**第11章**で関数を学んだのちに**11-4-2**で説明します。

COLUMN

if文の波カッコの省略

if文、if～else文、if～elseif文で実行する処理の文が1つの場合、波カッコを省略して記述できます。たとえば、136ページの'変数の値は10です。'と表示するif文は次のように書くこともできます。

```
if( $var == 10 )
    echo '変数の値は10です。';
```

このif文は条件を満たしたときに実行する処理がechoの1文のみなので、波カッコを省略できます。もしif文の条件を満たしたときに実行する処理が2文以上の場合は、必ず波カッコでブロック化する必要があります。たとえば次の例では、条件を満たしたときに実行する文が2つあるので波カッコで囲んでブロック化しています。

```
if( $var == 10 ){
    echo '変数の値は';
    echo '10です。';
}
```

同様に**リスト9.2**の10行目から18行目までのif～elseif～else文は、次のように波カッコを省略して書くことができます。

```
if( $rainRt >= 70 )
    echo '長い傘を持っていきます。';
elseif( $rainRt >= 40 )
    echo '折りたたみ傘を持っていきます。';
else
    echo '傘を持っていきません。';
```

このように場合によって波カッコを省略する書き方は可能ですが、常に波カッコでブロック化するように書いておくと、条件に対応する処理の範囲が明確になります。また、もしも処理を2文以上に追加する必要が生じたときにも記述しやすいというメリットがあります。

9-5 論理演算子で条件を組み合わせる

どんなに条件が複雑になっても、プログラムでは、きちんとそれに応じた処理を行うことができます。論理演算子を使うと、複数の条件を組み合わせることができるのです。

9-5-1 論理演算子とは？

論理演算子を使うと、複数の条件を組み合わせて判定することができます。主な論理演算子を表9.3に示します。

● 表9.3 論理演算子

論理演算子	意味
&&	かつ
and	かつ
||	または
or	または
!	否定

andと&&は同じ動作をしますが、演算子の優先度が異なり、&&のほうがandよりも優先度が高いです。同様に、orと||は同じ動作をしますが、||のほうがorよりも優先度が高いです。

以降では、論理演算子の使い方について説明します。

9-5-2 論理演算子（and, &&）

「条件Aに合い、かつ、条件Bにも合う場合に処理したい」という場合には、論理演算子and（または&&）を使えます。&&は、アンパサンド（&）を2つ並べて書きます。

ところで、今の季節は何ですか？もしギラギラの太陽が照りつけている真夏だとすれば、青い海や白い砂浜が恋しくなるかもしれません（恋しくならない人もいるでしょうが…）。

とある海岸では、6月から8月まで「海の家」が営業されるそうです。ここでは、変数に何月かの数値を与えて、海の家が営業中かチェックしてみましょう。

次のコードを見てください。変数の値が6から8の範囲にあるかチェックする処理を行います。

```
$month = 7;
if( ($month >= 6) && ($month <= 8) ){
    echo '現在、海の家は営業中です！';
}
else{
    echo '海の家は閉めています。また次の夏にお会いしましょう！';
}
```

この結果、Webブラウザには以下のように表示されます。

現在、海の家は営業中です！

2行目に論理演算子&&を使って条件が書かれています。この意味は、以下のようになります。&&を「かつ」と読むとわかりやすいでしょう。

もし$monthが6以上、かつ、$monthが8以下であれば

2行目は以下のようにも書けますが、

```
if( $month >= 6 && $month <= 8 ){
```

わかりやすくするために

```
if( ($month >= 6) && ($month <= 8) ){
```

のように、各条件をカッコで囲みました。なお、以下のように&&をandに書き換えることもできます。

```
if( ($month >= 6) and ($month <= 8) ){
```

9-5-3 ▶ 論理演算子（or, ||）

「条件Aに合うか、または、条件Bに合う場合に処理したい」という場合には、論理演算子or（または||）を使えます。||は、パイプ（|）を2つ並べて書きます。|は、シフトキーを押しながら「¥」のキーを押したときに出る文字です。

次のコードを見てください。再び、海の家が営業中かチェックするプログラムです。

```
$month = 7;
if( ($month < 6) || ($month > 8) ){
    echo '海の家は閉めています。また次の夏にお会いしましょう！';
}
else{
    echo '現在、海の家は営業中です！';
}
```

この結果、Webブラウザには以下のように表示されます。

現在、海の家は営業中です！

2行目に論理演算子 || を使って条件が書かれています。この意味は、以下のようになります。|| を「または」と読むとわかりやすいでしょう。

もし $month が6未満、または、$month が8より大きければ

なお、以下のように || を or に書き換えることもできます。

```
if( ($month < 6) or ($month > 8) ){
```

それでは、論理演算子を使ったプログラムを作ってみましょう。

とあるイタリアンレストランでは、グループメニューというものがあり「前菜・パスタ・メイン料理」の大皿料理が注文できます。ただし、それを注文するには、以下の条件を満たしてなければなりません。

- グループメニューを注文できる条件
  人数が4人から17人まで、かつ、1人あたりの予算が3500円以上

この条件をチェックするプログラムです。

CHAPTER 9　条件によって処理を変える

作ってみよう ✚ 論理演算子で条件を組み合わせたプログラム

Step1 エディタでコードを入力

エディタにリスト9.3のコードを入力して、以下のファイル名で保存します。

`C:¥xammp¥htdocs¥testphp¥if3.php`

▼ リスト9.3　論理演算子で条件を組み合わせたプログラム（if3.php）

```php
 1: <?php
 2:   header('Content-type: text/html; charset=UTF-8');
 3: ?>
 4: <html>
 5: <body>
 6: <?php
 7:   $ninzu = 12;        //   人数
 8:   $yosan = 5000;      //   1人あたりの予算
 9:
10:   echo '人数は', $ninzu, '人です。<br>';
11:   echo '1人あたりの予算は', $yosan, '円です。<br>';
12:
13:   if(($ninzu >= 4) && ($ninzu <= 17) && ($yosan >= 3500)){
14:       echo 'グループメニューを注文できます。';
15:   }
16:   else{
17:       echo 'グループメニューは注文できません。';
18:   }
19: ?>
20: </body>
21: </html>
```

Step2 Webブラウザで動作を確認

Webブラウザから以下のURLにアクセスします。図9.14のように出力されれば成功です。

`http://localhost/testphp/if3.php`

```
人数は12人です。
1人あたりの予算は5000円です。
グループメニューを注文できます。
```

● 図9.14　実行結果

9-5-4 > 論理演算子 (!)

論理演算子!について紹介します。条件の前に!をつけると、条件をひっくり返すことができるという演算子です。

たとえば、とあるジェットコースターに乗るには、次の条件を満たさなければならないとします。

- ジェットコースターに乗れる人
  身長が110cm以上、かつ、年齢が65歳未満

ここでは、これらの条件を満たしていない場合のみ、メッセージを表示する処理を作ってみます。いろいろな書き方がありそうですが、条件を素直にコードにしてみると、以下のようなプログラムが思いつきます。

```
$height = 100;      // 身長
$age = 11;          // 年齢
if( ($height >= 110) && ($age < 65) ){
}
else{
    echo 'このジェットコースターには乗れません。';
}
```

← 条件を満たしている場合、ブロックの中で何も処理を行いません。このような書き方は可能です。

$heightが110以上かつ$ageが65未満ときは何も処理を行わず、そうでないときにメッセージを表示する処理となっています。この例では、年齢は11歳ですが身長が100cmなので条件に合わず、'このジェットコースターには乗れません。'と表示されます。

論理演算子!を使って、条件判定の部分を以下のように書き換えてみます。以下のコードもまったく同じ動作をしますので、'このジェットコースターには乗れません。'と表示されます。

```
$height = 100;      // 身長
$age = 11;          // 年齢
if( !(($height >= 110) && ($age < 65)) ){
    echo 'このジェットコースターには乗れません。';
}
```

3行目の　if(!(($height >= 110) && ($age < 65))){　の部分は、以下の意味になります。

もし「$heightが110以上、かつ、$ageが65未満」でなければ

!の後ろに書いた条件がひっくり返り、「その条件でなければ」という意味になるのです。条件を書くときに、!を付けない場合と付けた場合の違いについて図9.15にまとめました。

条件の前に!を付けない	条件の前に!を付ける
if(条件) 条件に合っている場合に、条件成立とする	if(! 条件) 条件に合っていない場合に、条件成立とする

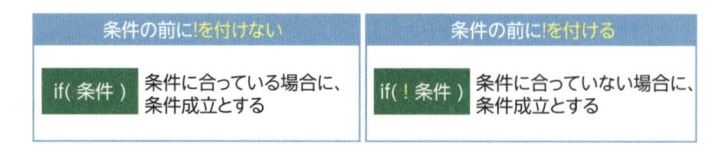

●図9.15 条件の書き方

上記は、if文を例にしていますが、if文以外でも条件を記述することはあります。その場合でも、条件の書き方は同じです。

COLUMN

ネスト(入れ子)とは

第9章でif文やwhile文などの制御構文を使って、条件分岐や繰り返しの構造を組み立てる方法について説明しています。プログラムの中では、ある構造の中にまた別の構造を繰り返して記述することが可能です。たとえば、if文の中に別のif文を書いたり、while文の中に別のwhile文を書いたりできます。このような構造は、ネスト構造や入れ子構造と呼ばれます。たとえば、次のコードはif文を入れ子にした例です。

```
$kion = 36;                  // 気温[度]
if( $kion >= 25 ){           // 25度以上?
    if( $kion >= 30 ){       // 30度以上?
        if( $kion >= 35 ){   // 35度以上?
            echo 'もの';
        }
        echo 'すごく';
    }
    echo '暑い!';
}
else{                        // 25度未満
    echo '暑くない。';
}
```

このコードは気温($kion)が36度であることを意味し、実行すると「ものすごく暑い!」と表示されます。$kionが30度以上35度未満のときは「すごく暑い!」と表示されます。このように、ネスト構造をうまく利用すると効率良くプログラムを書ける場合があります。ただし、ネストが深すぎるとコードが見づらくなるので、適度な段数になるように注意が必要です。

9-6 複数の条件から選ぶ（switch文）

条件によって処理を分岐させるには、if文のほかにもswitch文という構文があります。switch文は、変数の値に応じて異なった処理を行う場合に便利な構文です。

9-6-1 変数の値によって処理を変える

たとえば、ある変数がいろいろな数に変化するとします。その数に応じて異なる処理を行いたい場合、**switch文**（スイッチぶん）を使うとすっきりと記述できます。

switch文の処理の流れをフローチャートであらわすと、図9.16のようになります。

- 変数の値が「値1」の場合
  処理Aを実行する
- 変数の値が「値2」の場合
  処理Bを実行する
- 変数の値が「値3」の場合
  処理Cを実行する
- 変数の値が上記のどれでもない場合
  処理Dを実行する

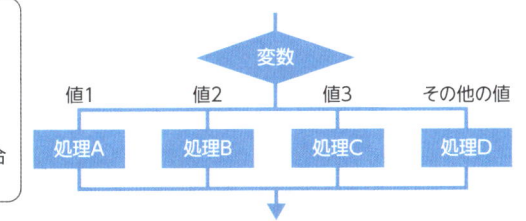

●図9.16　switch文

9-6-2 switch文の書き方

switch文の構文を以下に示します。

```
●switch文 ― 変数の値によって分岐する
switch ( 変数 ) {          ①
    case 値1 :             ②
        変数が値1の場合の処理 ;   ③
        break;             ④
    case 値2 :             ⑤
        変数が値2の場合の処理 ;
        break;
    default :              ⑥
        変数が上記のどれでもない場合の処理 ;
}                          ⑦
```

CHAPTER 9　条件によって処理を変える

①switch文の始まり

　switchの後ろに丸カッコ()を書きます。丸カッコの中には変数を1つ書きます。switch文の範囲を{と最後の行の}であらわします。

②case文

　case文には、①で指定した変数と比較する値を書きます。値の後ろにはコロン(:)を付けます。

③処理

　case文を書いたら、続けて、そのcase条件に合った場合の処理を書きます。処理は1行でも複数行でもかまいません。

④break文

　処理が終わったら、break;と書きます。break文を書いた時点でそのcase条件に対応する処理は終わり、switch文を抜けます。breakの後ろに付けるのはセミコロン(;)です。

⑤条件の追加

　他にも条件がある場合は、別のcase文を書き、対応する処理を書きます。case文は、いくつあっても構いません。

⑥default

　どのcase条件にも合わない場合に処理を行いたい場合は、default:と書き、続けて、対応する処理を書きます。なお、default:は省略することもできます。省略したときには、どのcase条件にも合わない場合の処理は行われません。

⑦switch文の終わり

　switch文の終わりをあらわす}を書きます。

◆◆◆

　switch文を抜けだしたい部分にbreak;を書きますが、switch文の中の最後のbreak文(⑦の直前の位置)は、書いても書かなくてもどちらでも問題ありません。それは、どちらにしろすぐ次に}があらわれるので、switch文を終了することになるからです。
　switch文では、;(セミコロン)と:(コロン)の両方を使うので、取り違えないように注意してください。セミコロンとコロンは、半角文字で書きます。
　それでは、switch文を使ったプログラムを作ってみましょう。動物の鳴き声を表示するプログラムです。

作ってみよう ✛ switch文を使うプログラム

Step1 エディタでコードを入力

エディタに**リスト9.4**のコードを入力して、以下のファイル名で保存します。

C:¥xammp¥htdocs¥testphp¥switch1.php

▼ リスト9.4　switch文を使うプログラム（switch1.php）

```php
 1: <?php
 2:     header('Content-type: text/html; charset=UTF-8');
 3: ?>
 4: <html>
 5: <body>
 6: <?php
 7:     $str = '猫';
 8:     echo $str, 'です。<br>', PHP_EOL;
 9:     switch($str){
10:         case '犬':
11:             echo 'ワンと鳴きます。';
12:             break;
13:         case '猫':
14:             echo 'ニャーと鳴きます。';
15:             break;
16:         case '牛':
17:             echo 'モーと鳴きます。';
18:             break;
19:         default:
20:             echo 'どのように鳴くのかな？';
21:     }
22: ?>
23: </body>
24: </html>
```

Step2 Webブラウザで動作を確認

Webブラウザから以下のURLにアクセスします。図9.17のような結果が表示されれば成功です。

http://localhost/testphp/switch1.php

```
猫です。
ニャーと鳴きます。
```

● 図9.17　実行結果

7行目で変数$strに'猫'を入れているので、13行目のcase文の条件に一致し、その行以降の処理が実行されます。そして次の行の15行目にはbreak;があるので、switch文を終了しました。

それでは、今度は、7行目の'猫'を違う動物に変えて、どのcase条件にも該当しないようにしてみましょう。たとえば、'鹿'に変えて実行すると、図9.18のような結果が表示されます。

```
鹿です。
どのように鳴くのかな？
```

● 図9.18　実行結果

変数$strの値が'犬'、'猫'、'牛'のどれにも該当しなかったため、19行目のdefault:以降の処理が実行されました。

9-6-3　switch文の別の書き方

switch文は、複数のcase条件に対して、あるまとまった処理を行わせることもできます。プログラムを作って確認してみましょう。

変数$strの値が'イルカ'または'クジラ'の場合、'哺乳類です。'と表示し、変数$strの値が'クロマグロ'または'カツオ'の場合、'魚類です。'と表示するプログラムです。複数のcase条件を連続して書いた場合、そのうちのどれかのcase条件に該当すれば、次のbreak文が現われるまでの処理が実行されます。

作ってみよう　switch文を使うプログラム

Step1　エディタでコードを入力

エディタにリスト9.5のコードを入力して、以下のファイル名で保存します。

`C:¥xammp¥htdocs¥testphp¥switch2.php`

▼ リスト9.5　switch文を使うプログラム（switch2.php）

```
1: <?php
2:     header('Content-type: text/html; charset=UTF-8');
3: ?>
4: <html>
5: <body>
6: <?php
7:     $str = 'クジラ';
8:     echo $str, 'です。<br>', PHP_EOL;
```

```
 9:    switch( $str ){
10:        case 'イルカ':
11:        case 'クジラ':
12:            echo '哺乳類です。';
13:            break;
14:        case 'クロマグロ':
15:        case 'カツオ':
16:            echo '魚類です。';
17:            break;
18:        default:
19:            echo '何類かな？';
20:    }
21: ?>
22: </body>
23: </html>
```

case文を複数書いて、複数の条件を指定しています

Step2 Webブラウザで動作を確認

Webブラウザから以下のURLにアクセスします。図9.19のような結果が表示されましたか？

http://localhost/testphp/switch2.php

```
クジラです。
哺乳類です。
```

● 図9.19　実行結果

switch文は、変数の値がいろいろと変化する場合に、それに応じた処理を行うのに便利な構文です。ただし、switch文を使うときはbreak文の記述について気をつける必要があります。switch文は、あるcase条件に該当したら、break文が現われるまで処理をし続けるという動作をするからです。よって、break文を書くべき位置に書き忘れると意図しない動作をしてしまいますので注意しましょう。

要点整理

- ✔ プログラムには「順次」、「条件分岐」、「繰り返し」の3つの基本構造があります。
- ✔ 処理の流れを制御するための構文を制御構文といいます。
- ✔ 条件によって異なる処理を行うにはif文を使うと便利です。
- ✔ 条件を組み合わせるには、論理演算子を使います。
- ✔ 変数の値に応じて異なる処理を行うにはswitch文を使うと便利です。

CHAPTER 9 条件によって処理を変える

練習問題

問題1. リストAを実行したときに、変数$valが5である場合、処理Aと処理Bのどちらが実行されるか選択してください。

▼ リストA

```
1: if( $val > 5 ){
2:     echo '処理Aです。';      // 処理A
3: }
4: else{
5:     echo '処理Bです。';      // 処理B
6: }
```

① 処理Aが実行される。
② 処理Bが実行される。

問題2. リストBは、変数$aaaが奇数かどうかを判定する処理を行います。$aaaが奇数であるかを判定するために、空欄①に入る記述を選択してください。

▼ リストB

```
1: $aaa = 43;
2: if(    ①    ){
3:     echo '奇数です。';
4: }
5: else{
6:     echo '偶数です。';
7: }
```

ア $aaa / 2
イ $aaa % 2
ウ $aaa + 2
エ $aaa * 2

問題3. リストCは、以下に示す仕様で処理するプログラムです。

変数$tensuの値が100のとき、「大変よくできました。」と表示する。
変数$tensuの値が60以上のとき、「よくできました。」と表示する。
変数$tensuの値が上記以外のとき、「次回もがんばりましょう。」と表示する。

リストCで、仕様通りに条件判定を行うように、空欄①と②に比較演算子を記述してください。

▼リストC

```
 1: <?php
 2:     header('Content-type: text/html; charset=UTF-8');
 3: ?>
 4: <html>
 5: <body>
 6: <?php
 7:     $tensu = 73;
 8:     if( $tensu    ①    100 ){
 9:         echo '大変よくできました。';
10:     }
11:     elseif( $tensu    ②    60 ){
12:         echo 'よくできました。';
13:     }
14:     else{
15:         echo '次回もがんばりましょう。';
16:     }
17: ?>
18: </body>
19: </html>
```

CHAPTER 9　条件によって処理を変える

問題4. リストDは、変数$yearに入れた西暦年の値が、うるう年かどうかをチェックするプログラムです。うるう年を判定する条件を以下に示します。

●うるう年の条件
　4で割り切れる年。
　ただし、100で割り切れる年はうるう年ではない。
　しかし、400で割り切れる年はうるう年になる。

リストDで、うるう年の条件判定を行うように、空欄①と②に論理演算子を記述してください。

▼リストD

```
 1: <?php
 2:     header('Content-type: text/html; charset=UTF-8');
 3: ?>
 4: <html>
 5: <body>
 6: <?php
 7:     $year = 2016;      // 西暦年
 8:     if(( $year % 400 == 0 ) ① (( $year % 100 != 0 ) ② ( $year % 4 == 0 ))){
 9:         echo 'うるう年です。';
10:     }
11:     else{
12:         echo 'うるう年ではありません。';
13:     }
14: ?>
15: </body>
16: </html>
```

CHAPTER 10

同じ処理を繰り返す

皆さんには習慣的に行う日課がありますか？毎日腹筋を何十回としている人もいるかもしれませんし、毎日お風呂そうじが当番になっている人もいるかもしれません。ちょっと面倒なルーチンワークをコンピュータに任せられるといいですね。なにせコンピュータは同じ処理を繰り返すのが大得意なのです。

10-1	繰り返しの処理をする	P.160
10-2	繰り返し処理（while文）	P.162
10-3	繰り返し処理（for文）	P.168
10-4	配列を順番に処理する（foreach文）	P.171
10-5	繰り返しをやめる	P.175

CHAPTER 10　同じ処理を繰り返す

10-1　繰り返しの処理をする

プログラムで同じ処理を何度も行うには、同じコードを何度も書かなければならないのでしょうか？そんなことはありません。処理を繰り返して行える便利な繰り返し構文というものを使います。

10-1-1　繰り返しはまかせて

　コンピュータはいろいろな処理を行えますが、その能力をもっとも発揮することの一つに、同じような処理を繰り返して行うことが挙げられます。

　たとえば、画面に「こんにちは！」を10行表示させるプログラムを作るとします。そうすると、図10.1のようなコードになるでしょうか。

プログラム

```
echo 'こんにちは！<br>', PHP_EOL;
echo 'こんにちは！<br>', PHP_EOL;
echo 'こんにちは！<br>', PHP_EOL;
echo 'こんにちは！<br>', PHP_EOL;
echo 'こんにちは！<br>', PHP_EOL;
echo 'こんにちは！<br>', PHP_EOL;
echo 'こんにちは！<br>', PHP_EOL;
echo 'こんにちは！<br>', PHP_EOL;
echo 'こんにちは！<br>', PHP_EOL;
echo 'こんにちは！<br>', PHP_EOL;
```

実行すると…

ブラウザでの実行結果

```
こんにちは！
こんにちは！
こんにちは！
こんにちは！
こんにちは！
こんにちは！
こんにちは！
こんにちは！
こんにちは！
こんにちは！
```

●図10.1　「こんにちは！」を10行表示させるプログラム

しかし、実際にこのようなプログラムを書くことはほとんどありません。10行ならまだしも、100行や200行になったらとても大変で書いていられないですね。

そんなときに使えるのが、**繰り返し構文**（ループ構文）です。繰り返し構文を使うと、同じような処理を何度も繰り返し行うことができます。

PHPには、以下に示す繰り返し構文が用意されています。

- while
- do〜while
- for
- foreach

10-1-2 繰り返しで気をつけること

プログラムで繰り返し処理を作るときには、重要なポイントがあります。それは、「**いつまで処理を繰り返すか？**」ということです。

繰り返しの処理を始めたものの、いつまで繰り返すのかをはっきりさせないと、永久に処理を繰り返してしまいます。不本意な永久ループは避けなければなりません。プログラムが永久ループに陥ると、コンピュータに多大な負荷がかかります。そうすると、場合によっては、他のプログラムが動けなくなってしまう可能性もあります。

繰り返しの処理を作るときには「その繰り返しがいつまで続くのか？」について、気に留めるようにしましょう。

COLUMN

永久ループとは

永久に繰り返すことを永久ループまたは無限ループといいます。通常は永久に処理することはあり得ないので、永久ループを作るような記述は行いません。

ただし、プログラミングのテクニックとして、わざと永久ループを作る場合もあります。しかしその場合でも、ある条件を満たしたときに繰り返しを終了する仕組みを入れておく必要があります。あえて永久ループを使う用例については、10-5-2で紹介しています。

CHAPTER 10　同じ処理を繰り返す

10-2　繰り返し処理（while文）

繰り返し構文はいくつかあり、それぞれ書き方が異なります。まずは、繰り返し構文のなかではシンプルとも言えるwhile文について学んでいきましょう。

10-2-1　whileの使い方

while文（ホワイルぶん）は、ある条件を満たしている間、処理を繰り返し実行します。while文の構文を以下に示します。

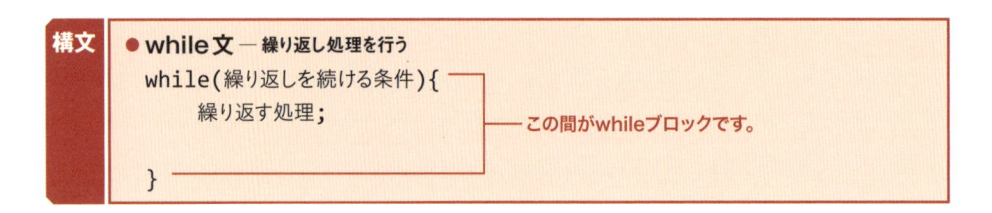

構文
- **while文** ― 繰り返し処理を行う
  ```
  while(繰り返しを続ける条件){
      繰り返す処理；
  }
  ```
  ─ この間がwhileブロックです。

whileの後ろには丸カッコ（）を書き、丸カッコの中に条件を書きます。while（条件）の後に続く波カッコ{と}で囲まれた部分をwhileブロックといいます。丸カッコ内に記述した条件に合っている間、whileブロック内の処理が繰り返し実行されます。

while文の処理の流れをフローチャートであらわすと、図10.2のようになります。

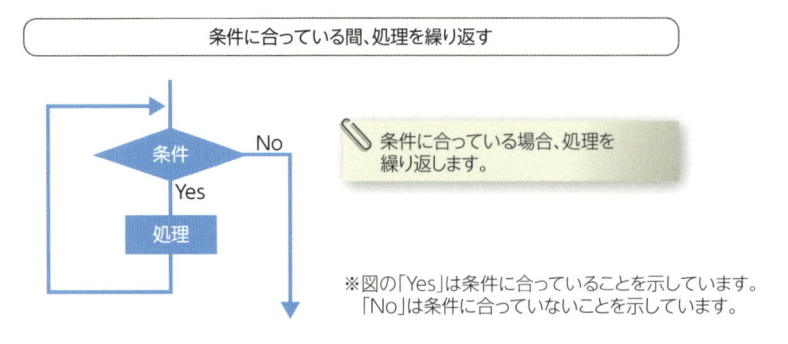

条件に合っている間、処理を繰り返す

条件に合っている場合、処理を繰り返します。

※図の「Yes」は条件に合っていることを示しています。「No」は条件に合っていないことを示しています。

● 図10.2　while文による繰り返し処理の流れ

まず条件判定を行い、条件に合っている場合はwhileループを開始します。処理を行うたびに条件判定を行い、条件に合わなくなったらwhileループを抜けます。

while文で指定する条件については、if文で指定した条件と同じ書き方が使えます。

while文を使ったコード例を以下に示します。

```
$cnt = 1;
while( $cnt <= 5 ){
    echo '繰り返し', $cnt, '回目です。<br>';
    $cnt ++;
}
```

この結果、Webブラウザには以下のように表示されます。

```
繰り返し1回目です。
繰り返し2回目です。
繰り返し3回目です。
繰り返し4回目です。
繰り返し5回目です。
```

このプログラムでは、繰り返し回数を数えるためにカウンタを使っていて、変数 $cntがそれに該当します。2行目のwhile文の条件を見ると、以下のようになっています。

```
while( $cnt <= 5 ){
```

この条件の意味は、

変数 $cntが5以下ならば

となります。条件の書き方や考え方はif文で学んだときと同じですね。

このwhile文は、「変数$cntが5以下ならば、ブロック内の処理を繰り返す」という意味で、言い換えると「変数$cntが5以下の間、ブロック内の処理を繰り返す」となります。

4行目では、繰り返し処理の中で変数$cntに1を加算しています。これにより、繰り返しのたびに変数$cntの値が1つずつ増えていきます。すると、いずれ変数$cntが6に到達し、その時点で条件に合わなくなるのでwhileループを抜けます。

それでは、while文を使ったプログラムを作ってみましょう。変数に数を与えて、その数分黒い丸（●）を表示する処理を行います。

CHAPTER 10　同じ処理を繰り返す

作ってみよう　＋　while文を使うプログラム

Step1　エディタでコードを入力

エディタにリスト10.1のコードを入力して、以下のファイル名で保存します。

C:¥xammp¥htdocs¥testphp¥while1.php

▼リスト10.1　while文を使うプログラム (while1.php)

```php
 1: <?php
 2:   header('Content-type: text/html; charset=UTF-8');
 3: ?>
 4: <html>
 5: <body>
 6: <?php
 7:   $num = 10;      //  繰り返す回数
 8:   $cnt = 0;       //  カウンタ
 9:   echo $num, '個の●を表示します。<br>';
10:   while( $cnt < $num ){
11:       echo '●';
12:       $cnt ++;
13:   }
14: ?>
15: </body>
16: </html>
```

Step2　Webブラウザで動作を確認

Webブラウザから以下のURLにアクセスします。図10.3のような結果が表示されましたか？

http://localhost/testphp/while1.php

```
10個の●を表示します。
●●●●●●●●●●
```

● 図10.3　実行結果

このプログラムでのwhileループを繰り返す条件は、「$cntが$numより小さい間」です。$numには10が入っていますので、つまり、$cntが10より小さい間、処理を繰り返します。カウンタ用の変数$cntの値は0を始めとして繰り返しのたびに増えていき、10になった時点で条件に合わなくなるのでwhileループを終了します。

10-2-2 do～whileの使い方

do～while文は、while文によく似ています。while文と違いdo～while文は、ブロックの中の処理を最初に必ず1回行います。

do～while文の構文を以下に示します。

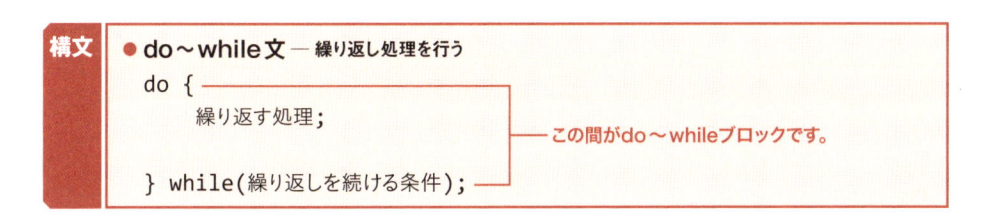

> **構文** ● do～while文 — 繰り返し処理を行う
> ```
> do {
>     繰り返す処理；
> 
> } while(繰り返しを続ける条件);
> ```
> この間がdo～whileブロックです。

while文では繰り返しを続ける条件を先頭に書きましたが、do～while文では最後に書きます。末尾のwhile(条件) の後ろには;(セミコロン)を書くことに注意してください。条件の書き方はwhile文と同じで、条件に合っている間、do～whileブロック内の処理が繰り返し実行されます。

do～while文の処理の流れをフローチャートであらわすと、図10.4のようになります。

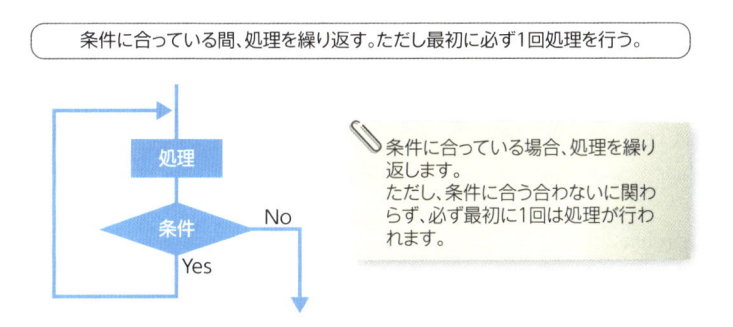

条件に合っている間、処理を繰り返す。ただし最初に必ず1回処理を行う。

条件に合っている場合、処理を繰り返します。
ただし、条件に合う合わないに関わらず、必ず最初に1回は処理が行われます。

● 図10.4　do～while文による繰り返し処理の流れ

図10.2のwhile文のフローチャートと見比べてみてください。

while文では、まず最初に「条件を満たしているか」の判定が行われていました。そして、条件に合わない場合はブロック内の処理は1度も実行されない場合もあります。一方、do～while文の場合は、まず最初にブロック内の処理が行われ、その後、条件が判定されます。

do～while文を使ったコード例を次に示します。これは、10-2-1のwhile文のコード例をdo～while文に書き換えたものです。

CHAPTER 10　同じ処理を繰り返す

```
$cnt = 1;
do {
    echo '繰り返し', $cnt, '回目です。<br>';
    $cnt ++;
} while( $cnt <= 5 );
```

この結果、Webブラウザには以下のように表示されます。

```
繰り返し1回目です。
繰り返し2回目です。
繰り返し3回目です。
繰り返し4回目です。
繰り返し5回目です。
```

それでは、do～while文を使ったプログラムを作ってみましょう。while文を使ったリスト10.1のコードをdo～while文を使うように書き換えてみます。

作ってみよう ➕ do～while文を使うプログラム

Step1 エディタでコードを入力

エディタにリスト10.2のコードを入力して、以下のファイル名で保存します。

`C:¥xammp¥htdocs¥testphp¥while2.php`

▼ リスト10.2　do～while文を使うプログラム (while2.php)

```
 1: <?php
 2:     header('Content-type: text/html; charset=UTF-8');
 3: ?>
 4: <html>
 5: <body>
 6: <?php
 7:     $num = 10;          //　繰り返す回数
 8:     $cnt = 0;           //　カウンタ
 9:     echo $num, '個の●を表示します。<br>';
10:     do {
11:         echo '●';
12:         $cnt ++;
13:     } while( $cnt < $num );
14: ?>
15: </body>
16: </html>
```

Step2 Webブラウザで動作を確認

Webブラウザから以下のURLにアクセスします。図10.5のような結果が表示されましたか？

http://localhost/testphp/while2.php

```
10個の●を表示します。
●●●●●●●●●●
```

　このプログラムでのdo〜whileループを繰り返す条件は、「$cntが$numより小さい間」です。$numには10が入っていますので、つまり、$cntが10より小さい間、処理を繰り返します。カウンタ用の変数$cntの値は0を始めとして繰り返しのたびに増えていき、10になった時点で条件に合わなくなるのでdo〜whileループを終了します。

10-3 繰り返し処理（for文）

while文と同様に、for文もよく使われる繰り返し構文です。ここでは、for文を使ったプログラムを作ります。作ったあとで、ぜひwhile文と比較してみてください。

10-3-1 for文による繰り返し

for文（フォーぶん）は、回数が決まった繰り返し処理を行う場合に便利な構文です。for文の構文を以下に示します。

構文
- **for文** — 繰り返し処理を行う

```
for(繰り返し開始時に行う処理；  繰り返しを続ける条件；  各繰り返しの後に行う処理){
        ①                    ②                    ③
    繰り返す処理；
}
```
この間がforブロックです。

for文には①、②、③の3つの式を記述します。各式は省略可能だったり、たくさんの式を記述したりと、いろいろな書き方が可能なのですが、一般的な書き方について説明します。

for文による繰り返し処理の流れは、図10.6に示すフローチャートのようになります。

条件に合っている間、処理を繰り返す

- ①の処理を行う
- ②の条件を判定する → No
- Yes
- ④の繰り返す処理を行う
- ③の処理を行う

```
for( ①処理;  ②条件;  ③処理 ){
    ④繰り返す処理;
}
```

条件に合っている場合、処理を繰り返します。
指定した回数の繰り返しを行うときに便利な構文です。

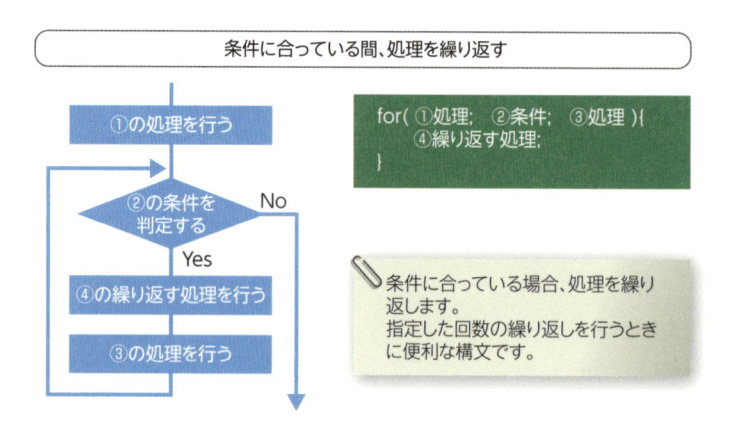

● 図10.6　for文による繰り返し処理の流れ

①の処理は、繰り返し処理に入る前に1回だけ行われる処理です。続いて、②の条件を満たしているかがチェックされます。

　この時点で条件を満たしていない場合は、繰り返し処理に入りません。条件を満たしている場合は、④の繰り返す処理が実行されます。1回分の繰り返し処理が終わると、③の処理が行われます。

　③の処理は、次の繰り返しが始まる直前に実行される処理です。そしてループの先頭に戻り、再び②の条件が満たしているかチェックされます。②の条件に合わなくなるまでこの処理の流れが繰り返されます。

10-3-2 　forの使い方

　for文を使ったコード例を以下に示します。これは、10-2-1のwhile文のコード例をfor文に書き換えたものです。比較できるように、while文のコードも載せました。

▼ for文
```
for( $cnt = 1; $cnt <= 5; $cnt ++ ){
    echo '繰り返し', $cnt, '回目です。<br>';
}
```

▼ while文
```
$cnt = 1;
while( $cnt <= 5 ){
    echo '繰り返し', $cnt, '回目です。<br>';
    $cnt ++;
}
```

　for文のプログラムを実行した結果、以下のように表示されます。while文のプログラムと同じ実行結果になります。

```
繰り返し1回目です。
繰り返し2回目です。
繰り返し3回目です。
繰り返し4回目です。
繰り返し5回目です。
```

　for文とwhile文ではどちらも同じ処理を行っていますが、for文のほうが行数が少なくすっきりまとまっているように見えませんか？

　上記のコードでは、繰り返し回数を数えるために、カウンタを使っています。$cntがカウンタ用の変数です。

　それでは、for文を使ったプログラムを作ってみましょう。変数に数を与えて、その数分黒い丸（●）を表示する処理を行います。

CHAPTER 10 | 同じ処理を繰り返す

作ってみよう ✦ for文を使うプログラム

Step1 エディタでコードを入力

エディタに**リスト10.3**のコードを入力して、以下のファイル名で保存します。

C:¥xammp¥htdocs¥testphp¥for.php

▼ リスト10.3　for文を使うプログラム (for.php)

```
 1: <?php
 2:   header('Content-type: text/html; charset=UTF-8');
 3: ?>
 4: <html>
 5: <body>
 6: <?php
 7:   $num = 10;          //　繰り返す回数
 8:   echo $num, '個の●を表示します。<br>';
 9:   for( $cnt = 0; $cnt < $num; $cnt ++ ){
10:      echo '●';
11:   }
12: ?>
13: </body>
14: </html>
```

Step2 Webブラウザで動作を確認

Webブラウザから以下のURLにアクセスします。**図10.7**のような結果が表示されましたか？

http://localhost/testphp/for.php

```
10個の●を表示します。
●●●●●●●●●●
```

● 図10.7　実行結果

　while文とfor文のどちらを使っても同じ繰り返し処理を行えることも多いので、どちらを使ったらいいか迷ってしまうかもしれません。

　プログラムではさまざまな繰り返し処理を行いますが、繰り返し回数をあまり意識しない場合もあります。たとえば、ファイルを読み込む処理などはそうです。ファイル内のデータを1行ずつ繰り返し読んでいき、読み込むデータがなくなったら終了するという処理を行う場合があります。

　このように、繰り返しを終わるための条件が、何らかの状態変化による場合にwhile文は向いているといえます。

　一方、カウンタを使って繰り返し回数を数える場合にfor文は向いているといえます。どちらの繰り返し構文を使うかは、状況に応じて使いやすい構文を選べばいいでしょう。

10-4 配列を順番に処理する（foreach文）

配列は複数のデータが集まったものです。ときには、配列のそれぞれのデータに対して順番に処理を行いたい場合があります。そのようなときに便利に使えるforeach文について学びましょう。

10-4-1 foreachの使い方1

　配列はデータが集まったものです。foreach文（フォーイーチぶん）は、配列のそれぞれの要素を順番に取り出して処理する場合に便利な構文です。要素とは、配列に入っているそれぞれのデータのことを指すのでしたね。
　foreach文の構文を以下に示します。

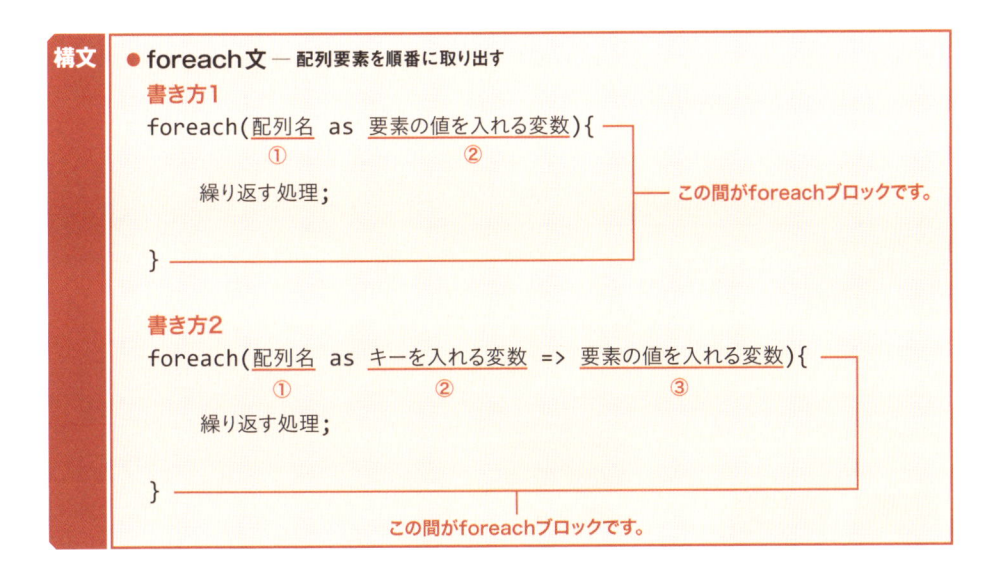

構文 ● **foreach文** ― 配列要素を順番に取り出す

書き方1
```
foreach(配列名 as 要素の値を入れる変数){
        ①            ②
    繰り返す処理;

}
```
この間がforeachブロックです。

書き方2
```
foreach(配列名 as キーを入れる変数 => 要素の値を入れる変数){
        ①        ②                    ③
    繰り返す処理;

}
```
この間がforeachブロックです。

---

　foreach文は、配列に入ったデータを1つずつ順番に取り出す処理を行います。書き方1と書き方2のどちらにも、対象とする配列名を①に指定します。配列名の後ろにはasと半角英字で書きます。
　foreachループは配列の要素数（配列に入っているデータ数）の数分繰り返されます。繰り返しのたびに、配列から取り出された要素の値が②で**指定した変数**に入れられます。
　書き方2では要素の値だけでなく、キーの値も取得できます。取得したキーの値は、③で**指定した変数**に入れられます。書き方2では、キーを入れる変数の後ろには、=>と書いてください。

CHAPTER 10 同じ処理を繰り返す

　各要素のキーを取得したいときは書き方2を、キーを取得しないときは書き方1を使うことができます。

　foreach文の書き方1を使ったコード例を以下に示します。

```php
$arr = array('カレー', 'ハンバーグ', 'オムライス');

foreach( $arr as $value ){
    echo $value, 'が好き。<br>';
}
```

　この結果、Webブラウザには以下のように表示されます。

```
カレーが好き。
ハンバーグが好き。
オムライスが好き。
```

　配列$arrには、3つのデータが入っていますので、要素数は3です。よって、このforeach文では、処理が3回繰り返されます。毎回の繰り返しのたびに、要素の値が順番に取り出され、$valueに入ります（図10.8）。

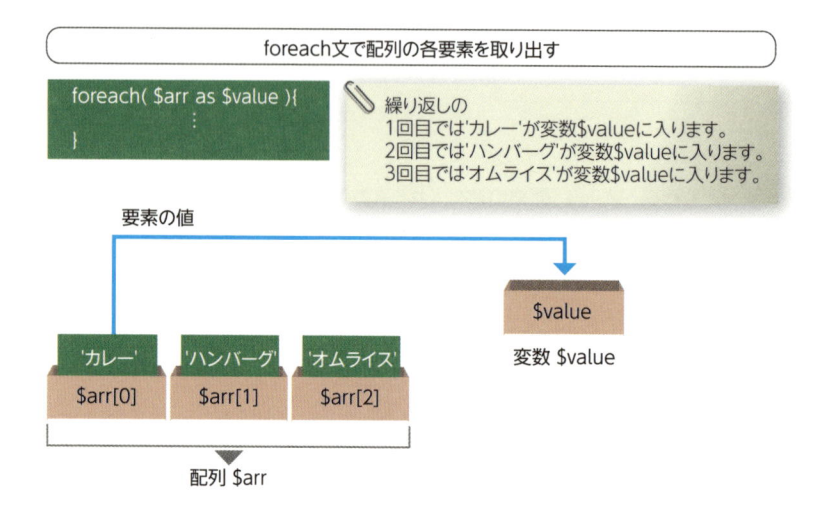

●図10.8　foreach文による配列データの取得

10-4-2 foreachの使い方2

連想配列を扱う場合は、foreach文の書き方2を使うとキーの値を取得できるので便利です。

foreach文の書き方2を使ったコード例を以下に示します。

```
$price = array( 'apple'  => 230,
                'melon'  => 560,
                'banana' => 150 );

foreach( $price as $key => $value ){
    echo $key, 'は', $value, '円です。<br>';
}
```

この結果、Webブラウザには以下のように表示されます。

```
appleは230円です。
melonは560円です。
bananaは150円です。
```

配列$priceには、3つのデータが入っていますので、要素数は3です。よって、このforeach文では、処理が3回繰り返されます。毎回の繰り返しのたびに、キーの値が$keyに、要素の値が$valueに入ります（図10.9）。

foreach文で連想配列の各要素を取り出す

```
foreach( $price as $key => $value ){
        :
}
```

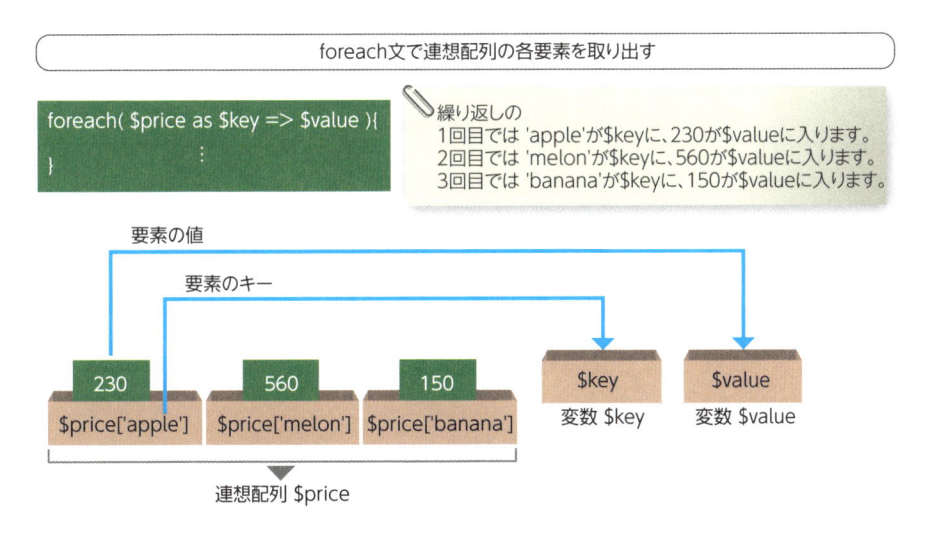

繰り返しの
1回目では 'apple'が$keyに、230が$valueに入ります。
2回目では 'melon'が$keyに、560が$valueに入ります。
3回目では 'banana'が$keyに、150が$valueに入ります。

● 図10.9　foreach文による連想配列データの取得

それでは、foreach文を使ったプログラムを作ってみましょう。連想配列から要素のキーと値を取り出すプログラムです。

CHAPTER 10 同じ処理を繰り返す

作ってみよう ✚ foreach文を使うプログラム

Step1 エディタでコードを入力

エディタに**リスト10.4**のコードを入力して、以下のファイル名で保存します。

`C:¥xammp¥htdocs¥testphp¥foreach.php`

▼ リスト10.4　foreach文を使うプログラム (foreach.php)

```php
 1: <?php
 2:     header('Content-type: text/html; charset=UTF-8');
 3: ?>
 4: <html>
 5: <body>
 6: <?php
 7:     $days = array( 'morning'   => '朝',
 8:                    'afternoon' => '昼',
 9:                    'evening'   => '夕方' );
10:
11:     foreach( $days as $key => $value ){
12:         echo 'Good ', $key, '!', $value, 'になりました。<br>';
13:     }
14: ?>
15: </body>
16: </html>
```

Step2 Webブラウザで動作を確認

Webブラウザから以下のURLにアクセスします。図10.10のような結果が表示されましたか？

`http://localhost/testphp/foreach.php`

```
Good morning!  朝になりました。
Good afternoon! 昼になりました。
Good evening!  夕方になりました。
```

● 図10.10　実行結果

配列$daysには3つのデータが入っていますので、要素数は3です。よって、11行目から始まるforeach文では、処理が3回繰り返されます。毎回の繰り返しのたびに、キーの値が$keyに、要素の値が数$valueに入ります。

10-5 繰り返しをやめる

繰り返している途中で繰り返しをやめたくなったらどうするの…？ そのような場合にもちゃんと対応できます。繰り返しをスキップしたり、繰り返しを途中でやめたりする方法について学んでいきます。

10-5-1 処理をスキップする（continue）

　繰り返し処理を進めている途中では、ある回には処理をスキップして（飛ばして）次回に進みたい場合があります。そのようなときには、continue文を使います。

　for文やwhile文などの繰り返し処理の中で、continue文を使うと、その時点で、ループ内の残りの処理をスキップします。よく行う書き方としては、if文などで条件判定を行い、条件に合っているとき（または条件に合っていないとき）に残りの処理をスキップするというものです。

　以下に、for文 のなかでcontinue文を使ったコード例を示します。

```
<?php
    header('Content-type: text/html; charset=UTF-8');
?>
<html>
<body>
<?php
    // continue文で繰り返しをスキップするサンプル
    for( $cnt = 1; $cnt <= 10; $cnt ++ ){
        echo '繰り返し', $cnt, '回目です。';
        if( $cnt % 2 ){          // $cntは奇数か？
            echo '<br>', PHP_EOL;
            continue;            // ループ内の残りの処理をスキップします
        }
        echo '偶数です。<br>', PHP_EOL;
    }
?>
</body>
</html>
```

continueはループ内の残りの処理をスキップし、末尾までジャンプします。

CHAPTER 10　同じ処理を繰り返す

この結果、Webブラウザには以下のように表示されます。

```
繰り返し1回目です。
繰り返し2回目です。偶数です。
繰り返し3回目です。
繰り返し4回目です。偶数です。
繰り返し5回目です。
繰り返し6回目です。偶数です。
繰り返し7回目です。
繰り返し8回目です。偶数です。
繰り返し9回目です。
繰り返し10回目です。偶数です。
```

このif文では、条件として「$cnt % 2」と書いています。%は、割り算の余りを求める演算子です。

繰り返しのたびに$cntには1が加算されますが、その$cntに対して2で割ったときの余りを求め、条件判定しています（図10.11）。

```
if( $cnt % 2 ){
```

演算結果が
1のときは「真(TRUE)」
　　→　条件成立なのでifブロックのなかの処理が実行されます。
0のときは「偽(FALSE)」
　　→　条件不成立なのでifブロックのなかの処理は実行されません。

●図10.11　割り算の余りを条件判定に使う

まず、$cntが1のときの動きを説明しましょう。$cntが1のとき「$cnt % 2」の演算結果は1となります。1という数値は条件判定で「真(TRUE)」と判断されるので条件に合うことになり、ifブロックの中の処理が実行されます。4行目でブラウザに対して改行(<br>)を出力し、5行目でcontinueにより残りの処理をスキップしています。そしてfor文の先頭に戻り、$cntに1が加算され、2回目の繰り返し処理に入ります。

$cntが2のとき「$cnt % 2」の演算結果は0となります。0という数値は条件判定で「偽(FALSE)」と判断されるので条件に合わず、ifブロックのなかの処理は実行されません。そして、7行目の処理が実行されます。

つまり「$cnt % 2」の演算によって、$cntが偶数か奇数かをチェックしているのです。

10-5-2 ▶ 繰り返しを抜ける（break）

　繰り返しを途中でやめたい場合は、break文を使います。for文やwhile文などの繰り返し処理のなかでbreak文があると、その時点でループを抜けて繰り返しを終了します。よく行う書き方としては、if文などで条件判定を行い、条件に合っているとき（または条件に合っていないとき）に繰り返し処理を終了するというものです。

　次に、for文のなかでbreak文を使ったコード例を示します。

```php
for( $cnt = 1; $cnt <= 10; $cnt ++ ){
    echo '繰り返し', $cnt, '回目です。<br>';
    if( $cnt == 5 ){
        break;
    }
}
```

breakはループを抜けて繰り返し処理を終了します。

　この結果、Webブラウザには以下のように表示されます。

```
繰り返し1回目です。
繰り返し2回目です。
繰り返し3回目です。
繰り返し4回目です。
繰り返し5回目です。
```

　1行目のfor文では、以下のような記述をしています。

```php
for( $cnt = 0; $cnt <= 10; $cnt ++ ){
```

　本来ならこのループはfor文で指定した条件によって10回繰り返されるはずですが、3行目のif文の判定により、$cntが5になった時点で繰り返し処理を終了しています（図10.12）。

```php
if( $cnt == 5 ) {
    break;
}
```

$cntが5の場合、繰り返し処理を終了します。

　✎ break文は、繰り返しを直ちに抜けて終了します。

●図10.12　break文で繰り返しを終了

　それでは、continue文とbreak文を使ったプログラムを作ってみましょう。1から10までの数値の中で、3の倍数があるかをチェックするプログラムです。

CHAPTER 10　同じ処理を繰り返す

作ってみよう　＋　continue文とbreak文を使うプログラム

Step1　エディタでコードを入力

エディタにリスト10.5のコードを入力して、以下のファイル名で保存します。

C:¥xammp¥htdocs¥testphp¥break.php

▼リスト10.5　continue文とbreak文を使うプログラム（break.php）

```php
 1: <?php
 2:     header('Content-type: text/html; charset=UTF-8');
 3: ?>
 4: <html>
 5: <body>
 6: <?php
 7:     $cnt = 0;
 8:     while( 1 ){
 9:         $cnt ++;
10:
11:         if( $cnt > 10 ){
12:             echo '10になりました。ループを抜けます。<br>', PHP_EOL;
13:             break;          // 繰り返し処理を抜けます
14:         }
15:
16:         echo '[', $cnt, ']';
17:
18:         if( $cnt % 3 ){
19:             echo ' スキップします。<br>', PHP_EOL;
20:             continue;       // 繰り返し処理をスキップします
21:         }
22:
23:         echo ' 3の倍数です。<br>', PHP_EOL;
24:     }
25:     echo '終了します。';
26: ?>
27: </body>
28: </html>
```

Step2　Webブラウザで動作を確認

Webブラウザから以下のURLにアクセスします。図10.13のような結果が表示されましたか？

http://localhost/testphp/break.php

```
[1]  スキップします。
[2]  スキップします。
[3]  3の倍数です。
[4]  スキップします。
[5]  スキップします。
[6]  3の倍数です。
[7]  スキップします。
[8]  スキップします。
[9]  3の倍数です。
[10] スキップします。
10になりました。ループを抜けます。
終了します。
```

● 図10.13　実行結果

リスト10.5の8行目では、while文を以下のように記述しています。

```
while( 1 ){
```

この記述では、わざと**永久ループ**を作っています。1という数値は「真」と判断されるので、このwhileループは無限に繰り返すループとなります。ただし、永久ループにした場合には、必ずループ処理を終わるための条件を作り、条件に当てはまったら繰り返しをやめるという記述が必要です。

リスト10.5では、ループを抜けるための判定を11行目で行っていて、$cntが10を超えたら繰り返し処理を終了しています。

```
if( $cnt > 10 ){
```

3の倍数であるかをチェックするために、$cntを3で割った余りを計算しています。図10.14のように、1から10までの値を3で割った余りを求めると、余りが0の場合に3の倍数であることがわかります。

```
1 ÷ 3 の余りは 1
2 ÷ 3 の余りは 2
3 ÷ 3 の余りは 0
4 ÷ 3 の余りは 1
5 ÷ 3 の余りは 2       3で割った余りが0となる数が
6 ÷ 3 の余りは 0       3の倍数です。
7 ÷ 3 の余りは 1
8 ÷ 3 の余りは 2
9 ÷ 3 の余りは 0
10 ÷ 3 の余りは 1
```

● 図10.14　3の倍数の求め方

CHAPTER 10　同じ処理を繰り返す

　3の倍数でない場合に、continue文によってループ内の残りの処理をスキップしていますが、その判定は図10.15のように記述しています。

```
if( $cnt % 3 ){
```

> $cntを3で割った余りが0以外のとき
> （つまり1または2のとき）、
> 条件に合っていると判断されます。

●図10.15　3の倍数でないことを判定

　$cnt % 3 の計算結果は、0、1、2のどれかになりますが、このうち0以外の値——つまり1または2の場合に真と判定されます。このように、値をそのまま条件判定として使う方法は、9-4-2でも説明しています。

要点整理

- ✔ 条件に合っているあいだ繰り返して処理するには、while文を使うと便利です。
- ✔ 繰り返す回数が決まった繰り返し処理には、for文が向いています。
- ✔ 配列の各要素のデータを順番に処理するには、foreach文を使うと便利です。
- ✔ 繰り返し処理の途中でスキップするにはcontinue文を使います。
- ✔ 繰り返し処理の途中で抜けるにはbreak文を使います。

練習問題

問題1. リストAは、変数$cntを1つずつ加算する処理を繰り返すプログラムです。$cntが50になったら繰り返しを止めるようにする場合、空欄①に入る記述を選択してください。

▼リストA

```
 1: <?php
 2:     header('Content-type: text/html; charset=UTF-8');
 3: ?>
 4: <html>
 5: <body>
 6: <?php
 7:     $cnt = 1;
 8:     while( $cnt <= 100 ){
 9:         echo '繰り返し', $cnt, '回目です。<br>', PHP_EOL;
10:         if( $cnt == 50 ){
11:             echo '繰り返し終了';
12:                 ①    ;
13:         }
14:         $cnt ++;
15:     }
16: ?>
17: </body>
18: </html>
```

ア　continue
イ　switch
ウ　break
エ　for

CHAPTER 10　同じ処理を繰り返す

問題2. リストBで、for文を使って「楽しいな。」を10行表示させる場合、空欄①に入る演算子を記述してください。

▼ リストB

```
 1: <?php
 2:     header('Content-type: text/html; charset=UTF-8');
 3: ?>
 4: <html>
 5: <body>
 6: <?php
 7:     for( $cnt = 0; $cnt  ①  10; $cnt ++ ){
 8:         echo '楽しいな。<br>', PHP_EOL;
 9:     }
10: ?>
11: </body>
12: </html>
```

CHAPTER

11

便利な関数を使ってみよう

「関数」と聞くとちょっと難しいイメージを抱くかもしれませんが、そんなことはありません。プログラムの世界での関数とは、「処理をまとめて使いやすくしたもの」です。PHPには便利な関数がたくさん用意されているので、私たちはそれらを使ってさまざまなプログラムを作れます。また、自分でよく使う処理をまとめて新しい関数を作ることもできます。

11-1	いろいろと便利な関数たち	P.184
11-2	関数を自分で作る	P.186
11-3	PHPの組込み関数を使う	P.192
11-4	関数の使い方のコツ	P.194
11-5	関数を使ってみよう	P.196

CHAPTER 11　便利な関数を使ってみよう

11-1　いろいろと便利な関数たち

関数を使いこなすことはプログラミングの上達につながります。そんな関数とはナニモノなのか？ということから学んでいきましょう。

11-1-1　関数って何だろう？

関数とは、簡単にいえば「処理をまとめてくくったもの」です。

PHPで作るプログラムに限りませんが、プログラムというものはさまざまな処理を行います。高度な機能を盛り込めば、プログラムの規模は膨大になります。ときには同じような処理をいろいろな場面で行わなければならないこともありますが、そのためには、同じ処理を何度も書く羽目に陥ってしまいます。

しかし、処理を関数と言う形にまとめておくと、それを好きなときに呼び出して実行できるので、以下のようなメリットがあります。

- プログラムの動作確認や修正を効率良く行える
- プログラムが見やすくなる
- プログラムの行数を少なくできる

関数を使う側にとって、関数はまるでブラックボックスのようです。中身はどんな仕組みになっているかわからなくても、使い方にならってデータを与れば、目的の結果を得られるのです（図11.1）。

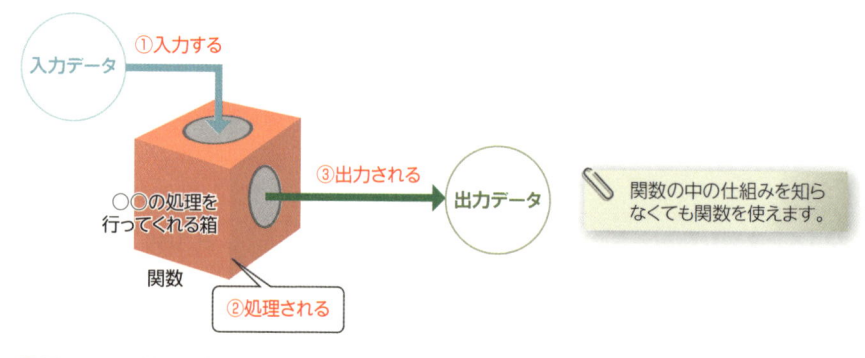

● 図11.1　関数とはブラックボックスのようなもの

ジュースの自動販売機をイメージするといいでしょうか？　自動販売機にお金を入れてジュースを選ぶと、選んだジュースが出てきます。私たちは自動販売機の中がどんな仕組みになっているかについては、まったく知る必要がありません。入力として「お金」と「選んだジュースの種類」を自動販売機に与えれば、出力として目的のジュースを得られるのです（図11.2）。

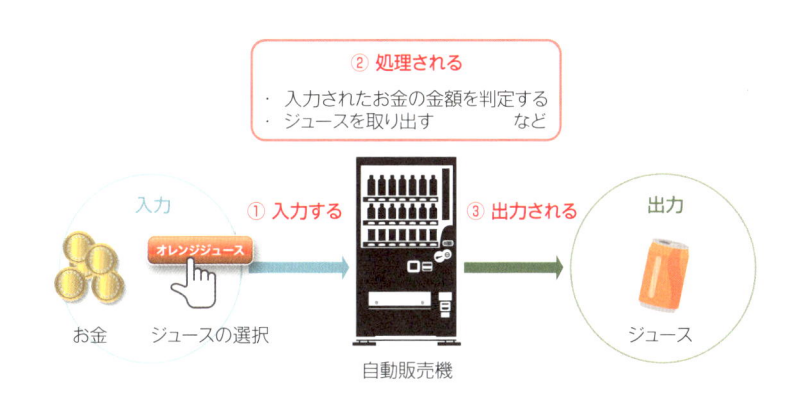

● 図11.2　自動販売機を関数に見たてる

11-1-2　関数の分類

関数は、組込み関数とユーザ定義関数に分類できます（図11.3）。

PHPにあらかじめ用意されている関数を**組込み関数**といいます。また、プログラマ自身が新しい関数を作ることができますが、それらは**ユーザ定義関数**と呼ばれます。

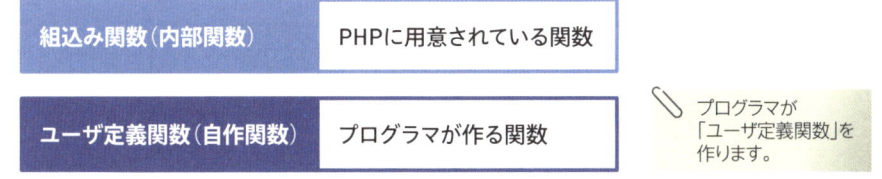

組込み関数（内部関数）	PHPに用意されている関数
ユーザ定義関数（自作関数）	プログラマが作る関数

プログラマが「ユーザ定義関数」を作ります。

※組込み関数は、ビルトイン関数や標準関数と呼ばれることもあります。

● 図11.3　関数の分類

組込み関数には、プログラムを作るうえで必要となる基本的な処理がいろいろと含まれています。また、たとえばデータベースを扱ったりマルチバイト文字を扱ったりするなど、機能を追加するための拡張モジュールをPHPに組み込むことにより、さらに多くの機能を利用できます。

プログラムの開発者は、組込み関数やユーザ定義関数を必要に応じて利用しながら、目的のアプリケーションを作りあげていきます。

11-2 関数を自分で作る

関数は自分で作ることもできます。皆さんやその他のプログラムを作る人たちによって作られた関数は、「ユーザ定義関数」と呼ばれます。

11-2-1 関数を使うには

ユーザ定義関数を作って使うには、以下の2つの手順が必要です。

① 関数を作る（関数定義）
② 関数を呼び出す（関数コール）

関数を作ってその処理を書いたとしても、それだけでは関数の処理は実行されません。「関数を呼び出す」という手続きを行うことによって、関数の処理は実行されます。関数は何度でも呼び出すことができるので、いろいろな場面で使えそうな処理を関数として作っておき必要に応じて呼び出す、というように便利に使えます。

11-2-2 関数を作る

関数を作るには、以下の構文を使います。

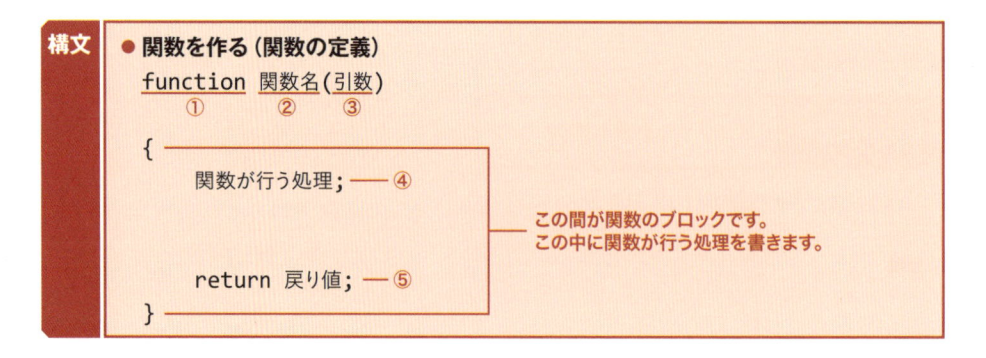

構文
- **関数を作る（関数の定義）**

```
function 関数名(引数)
  ①      ②    ③
{
    関数が行う処理; ――④


    return 戻り値; ――⑤
}
```

この間が関数のブロックです。
この中に関数が行う処理を書きます。

関数にはデータを渡すことができますが、そのデータを**引数**といいます(注1)。また、データを関数から呼び出し側に返すことができますが、そのデータを戻り値といいます。関数が処理するのに必要なデータを引数として渡し、関数が処理した結果のデータを**戻り値**として返します。

> **TIPS** （注1） 引数は「パラメータ」とも呼ばれます。

① function

関数を定義するには、まず先頭にfunctionと書きます。functionは関数という意味を持ちます。

② 関数名

関数に名前を付けます。functionの後ろに1文字以上のスペースを空けて関数名を書いてください。関数名は自由に付けられますが、以下の規則に従ってください。関数の処理内容がわかるような名前を付けましょう。

- 半角英数字と＿（アンダーバー）が使えます（ただし、先頭文字に数字は使えません）
- 英字の大文字、小文字は区別されません

③ 引数

引数を受け取って入れるための変数を()の中に書きます。この変数は関数の中だけで有効な変数となります[注2]。引数が複数ある場合は、カンマで区切って並べます。複数の引数は、先頭から順番に第1引数、第2引数、第3引数…のように呼ばれます。引数がない場合は、()の中に何も書く必要はありません。

④ 関数が行う処理

{}で囲んだブロックの中に、関数が行う処理を書きます。関数の中から別の関数を呼び出すことも可能です。

⑤ return

関数のなかでreturn文を書くと、その時点で関数の処理を終了します。関数が戻り値を返す場合は、returnの後ろに1文字以上のスペースを空けて、戻り値を書きます。戻り値が不要な場合、return;と記述します。また関数の最後で、戻り値を返さない場合は、return文を省略できます。

◆◆◆

ユーザ定義関数を使ったコード例を**リスト11.1**に示します。まずは、引数と戻り値を使わない一番簡単な関数の例を以下に示します。

TIPS　（注2）　関数の中だけで有効な変数を「ローカル変数」といいます。

▼ リスト11.1

```
1: <?php
2:     header('Content-type: text/html; charset=UTF-8');
3: ?>
4: <html>
5: <body>
6: <?php
7: //　こんにちは！と表示する関数
8: function hello( )
9: {
10:     echo 'こんにちは！';
11: }
12:
13: hello();
14: ?>
15: </body>
16: </html>
```

8〜11行目：関数を定義しています
13行目：関数を呼び出しています

関数helloを作成して、それを呼び出す処理です。処理が簡単すぎて関数にするほどではありませんが、これが一番基本的な形となります。

この結果、Webブラウザには以下のように表示されます。

```
こんにちは！
```

11行目の}で、hello関数の処理は終わります。この関数では戻り値を返さないので、return文を省略しています。

13行目がhello関数を呼び出している部分です。この呼び出しによってhello関数の中の処理が実行されます。

11-2-3 関数を呼び出す

関数を作っただけでは、その処理は実行されません。実行されるようにするには、関数を呼び出す必要があります。

関数を呼び出すには、次の構文を使います。

構文

● 関数を呼び出す（関数の呼び出し）

戻り値　=　関数名(引数);
　①　　　　②　　③

① 戻り値

呼び出した関数が戻り値を返す場合は、その戻り値を受け取ることができます。受け取った戻り値を入れるための変数を書きます。関数から戻り値を受け取らない場合は、省略できます。

② 関数名

呼び出す関数名を記述します。関数名は大文字小文字を区別しませんが、通常は関数定義と同じ名前で呼び出します。

③ 引数

呼び出す関数名に引数を渡す場合は、()内に書きます。引数が複数ある場合はカンマで区切って指定します。関数に渡す引数がない場合は、()の中に何も書く必要はありません。ただし、引数がなくても()は書いてください。

◆◆◆

それでは、ユーザ定義関数を作って呼び出すプログラムを作ってみましょう。2つの値を掛け算する関数を作ります。

作ってみよう ✚ ユーザ定義関数を使うプログラム

Step1 エディタでコードを入力

エディタに**リスト11.2**のコードを入力して、以下のファイル名で保存します。

`C:¥xammp¥htdocs¥testphp¥func1.php`

▼ リスト11.2　ユーザ定義関数を使うプログラム (func1.php)

```php
 1: <?php
 2:     header('Content-type: text/html; charset=UTF-8');
 3: ?>
 4: <html>
 5: <body>
 6: <?php
 7: //  2つの値の掛け算を行う関数
 8: function kakeNum( $dat1, $dat2 )
 9: {
10:     $yyy = $dat1 * $dat2;
11:     return( $yyy );
12: }
13:
14: //  関数を呼び出す
15: $ans = kakeNum( 3, 7 );
16: echo '結果は', $ans, 'です。';
```

```
17: ?>
18: </body>
19: </html>
```

Step2 ▶ Webブラウザで動作を確認

Webブラウザから以下のURLにアクセスします。図11.4のような結果が表示されましたか？

http://localhost/testphp/func1.php

```
答えは21です。
```

● 図11.4　実行結果

8行目から12行目までの記述では、関数kakeNumの定義を行っています。この関数は$dat1と$dat2の2つの引数を受け取るようになっています。受け取った$dat1と$dat2を掛けた結果を$yyyに代入し、それを戻り値として呼び出し側に返します。

15行目ではkakeNum()を呼び出しています(注3)。この呼び出しによってkakeNumの中の処理が実行されます。そして、kakeNum()が戻り値として返した値が$ansに代入されます。引数に3と7を指定しているので、kakeNum()で計算した結果の21が$ansに入ります。

COLUMN

プログラミングを上達させるためのヒント

　プログラミングを上達させるためには、「コードをたくさん書くこと」が必要です。いろいろなプログラムを作って実践を繰り返すことで技術が身についていきます。しかし、いざプログラムを作ろうとしても「どんなプログラムを作ろうかなぁ？」と悩んでしまうことが多いかもしれません。

　本章の最後では乱数について紹介していますが、乱数を使うと簡単にプログラムの処理結果に変化をつけられます。コンピュータがランダムな数を選び出してくれるので、それを利用してWebページの表示を変化させることが可能です。このように「表示を毎回変化させる」ことをヒントにして、プログラムを作るアイデアを膨らませてみてはいかがでしょうか。たとえば、占いのページ、数当てゲーム、今日の○○（複数のデータから1つをランダムに選び出して表示するようなプログラム）など、アイデア次第で楽しいプログラムが作れそうです。

TIPS　(注3)　本書中で、XXXXX()のような記述は関数をあらわします。たとえば、kakeNum()という記述は関数kakeNumを指しています。

11-2-4 ユーザ定義関数を書く場所

ユーザ定義関数は、呼び出される前に定義されている必要はありません。

図11.5に示す2つのコードは、関数定義と関数呼び出しの記述位置が逆になっていますが、どちらでも問題ありません。

関数定義を呼び出しより前に書く例

```php
<?php
function kakeNum($dat1, $dat2)
{
    $yyy = $dat1 * $dat2;
    return($yyy);
}

$ans = kakeNum(3, 7);
echo '結果は', $ans, 'です。';
?>
```

関数定義を呼び出しより後に書く例

```php
<?php
$ans = kakeNum(3, 7);
echo '結果は', $ans, 'です。';

function kakeNum($dat1, $dat2)
{
    $yyy = $dat1 * $dat2;
    return($yyy);
}
?>
```

● 図11.5　ユーザ関数定義を書く位置

> 関数定義を書く位置はどちらでも問題ありません。

CHAPTER 11 便利な関数を使ってみよう

11-3 PHPの組込み関数を使う

PHPには組込み関数がたくさん用意されていますので、私たちはそれらの関数を使って目的に応じた処理を作れます。

11-3-1 関数リファレンスを利用する

　PHPの組込み関数はたくさんありますが、その中からどれを使ったらいいでしょう？また、それぞれの関数はどのように使うのでしょう？

　そのようなときに利用するのが、関数リファレンスです。関数リファレンスでは、関数の構文や使い方が説明されています。関数リファレンスを使いこなすことは、プログラミングが上達する1つのポイントでもあります。
必要なときにすかさず

　　リファレンスを引く → 読みこなす → 実際のプログラムで使う

を行えることが大切です。

　関数リファレンスは、PHPマニュアルのメインのページから「関数リファレンス」というリンクをたどると表示されます（図11.6）。

PHPマニュアルのURL
http://php.net/manual/ja/

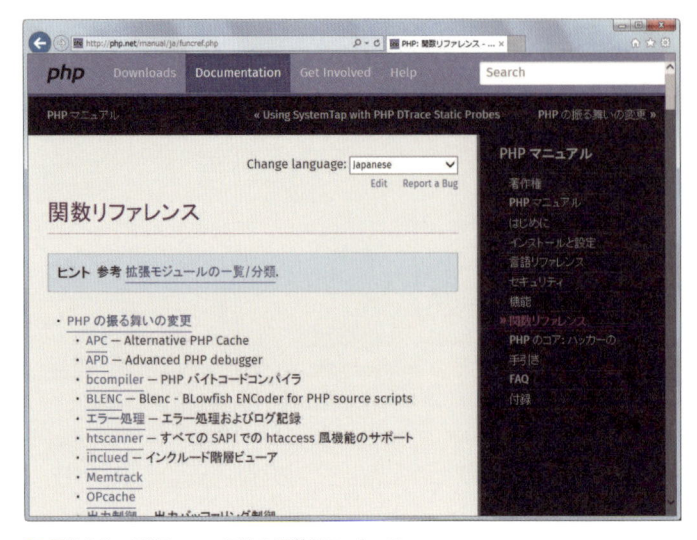

● 図11.6　PHPマニュアルの関数リファレンス

11-3-2 ▶ 関数リファレンスの見かた

関数リファレンスの見かたについて説明します。例として、count関数の説明を図11.7に示します。

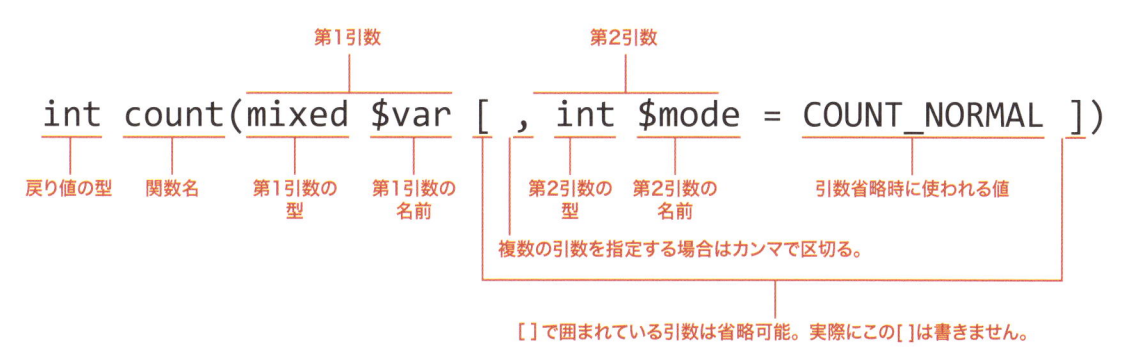

```
int count(mixed $var [ , int $mode = COUNT_NORMAL ])
```

- int : 戻り値の型
- count : 関数名
- mixed : 第1引数の型
- $var : 第1引数の名前
- int : 第2引数の型
- $mode : 第2引数の名前
- COUNT_NORMAL : 引数省略時に使われる値
- 第1引数、第2引数
- 複数の引数を指定する場合はカンマで区切る。
- [ ]で囲まれている引数は省略可能。実際にこの[ ]は書きません。

● 図11.7　count関数の説明

[ ]の中に書かれた引数は省略できることを示します。count関数は、第2引数を省略できることがわかります。各引数についての説明は、関数の説明ページに書かれています(注4)。

PHPマニュアル（日本語訳版）では、戻り値の代わりに「返り値」という語が使われていますが、戻り値と同じ意味です。

COLUMN

とても簡単に関数リファレンスを引く方法

Webブラウザから、以下のURLアドレスにアクセスします。末尾に調べたい関数名を指定します。

http://php.net/関数名

たとえば、count関数について調べたい場合は、以下のURLアドレスにアクセスします。

http://php.net/count

すると、count関数を説明するページが表示されます。

TIPS （注4）count関数の説明の中で、mixedはさまざまな型の値を指定できることを意味します。mixedというデータ型は実際には存在しません。

11-4 関数の使い方のコツ

関数は呼び出して使えばそれだけで大変便利なものですが、ちょっとした書き方のコツを覚えるとさらに便利なものとなります。ここでは、そのような便利な関数の使い方について紹介します。

11-4-1 関数呼び出しの応用1

関数の戻り値を、他の処理でそのまま使うことがあります。

リスト11.3のプログラムを見てください。2つの引数を与えて掛け算を行う関数kakeNum()を定義して呼び出しています。

▼リスト11.3 関数の戻り値を他の処理で使う

```
1: //    2つの値の掛け算を行う関数
2: function kakeNum( $dat1, $dat2 )
3: {
4:     $yyy = $dat1 * $dat2;
5:     return $yyy;
6: }
7:
8: echo '結果は', kakeNum( 3, 7 ), 'です。';
```

この結果、Webブラウザには以下のように表示されます。

```
結果は21です。
```

8行目のkakeNum()を呼び出している部分に注目してください。echo文のなかでkakeNum()を呼び出しています。このように書くと、kakeNum()が返した戻り値をecho文に引き渡すことができます。このように、他の文に組み込んで関数を呼び出すと、戻り値の値を他の処理でそのまま使うことができます。

11-4-2 ▶ 関数呼び出しの応用2

関数の戻り値を、条件判定として使うことがよくあります。

リスト11.4のプログラムを見てください。chkKisu関数は、与えられた引数が奇数かどうかをチェックする処理を行っています。

▼ リスト11.4 関数の戻り値を判定する

```
 1: //  奇数かチェックする関数
 2: function chkKisu( $aaa )
 3: {
 4:     return $aaa % 2;         変数$aaaの値が
 5: }                             奇数の場合1が返ります。→ 1は真と評価されます。
 6:                               偶数の場合0が返ります。→ 0は偽と評価されます。
 7: $num = 5:
 8: if( chkKisu( $num ) ){
 9:     echo '奇数です。';
10: }
```

この結果、Webブラウザには以下のように表示されます。

奇数です。

8行目では、関数の戻り値をそのままif文の条件判定として使っています。chkKisu関数の戻り値が真の場合にif文の条件に合うことになり、'奇数です'と表示されます。

if文だけでなくwhile文やfor文など条件判定を行う場面では、このように関数の戻り値を直接判定する方法はよく使われます。

11-5 関数を使ってみよう

いよいよ本項が最後の学習になります。学習の締めくくりとして、ちょっとした実用的なプログラムを作ってみましょう。もしかしたら、このプログラムによって、あなたが億万長者となる日がやってくるかもしれません！？

11-5-1 実用的なプログラムを作ってみよう

　ロト6（ロトシックス）という宝くじを知っていますか？ 1から43までの数字の中から6個を選び、選んだ数字が抽選数字と何個一致しているかで、当選順位が決まる宝くじです（図11.8）。

1等	6個当たり
2等	5個当たりで、さらにボーナス数字も当たり
3等	5個当たり
4等	4個当たり
5等	3個当たり

● 図11.8　ロト6の当選条件

　6個の数字がすべて当たれば1等大当たりですが、少なくとも3個の数字が一致すれば、5等の当たりです。
　そこで、プログラムに処理をさせて、6個の数字を選んでもらいましょう。今回作るプログラムの処理仕様を以下に示します。

① 1〜43までの数字を6個選び出して小さい順に表示する
② 数字が重複してはいけない

　この処理では、1から43の範囲内でランダムな数字を選ぶ必要があります。ランダムな数は**乱数**とも呼ばれますが、そんなバラバラな数を選び出すなんて、一体どのようにすればよいのでしょうか？ 実はPHPには、乱数を求めることができる関数があります。この便利な関数を使って6個の数字を選び出す処理を作ってみましょう。

作ってみよう ✚ 6個の数字を選び出すプログラム

Step1 エディタでコードを入力

エディタに**リスト11.5**のコードを入力して、以下のファイル名で保存します。

```
C:¥xammp¥htdocs¥testphp¥loto6.php
```

▼ リスト11.5　6個の数字を選び出すプログラム (loto6.php)

```php
 1: <?php
 2:     header('Content-type: text/html; charset=UTF-8');
 3: ?>
 4: <html>
 5: <body>
 6: <?php
 7:     echo "以下の6コの数字を選びだしました！　当たるかな？<br><br>";
 8:
 9:     $numArr = array();        // 空の配列を作る（6個の数字を入れる配列）
10:
11:     for( $cnt = 0; $cnt < 6; $cnt ++ ){       // 6回繰り返す
12:         $num = mt_rand( 1, 43 );              // 1〜43までの乱数を取得する
13:
14:         // 数字が重複していないかチェックする。重複している場合は、
15:         // 重複していない数字を取得できるまで乱数の取得を繰り返す
16:         for( ; ; ){
17:             // 既に同じ数値を取得しているかチェックする
18:             if( in_array( $num, $numArr )){   // 数字が$numArrに含まれる場合
19:                 $num = mt_rand( 1, 43 );      // 1〜43までの乱数を取得する
20:             }
21:             else{                             // 数字が$numArrに含まれない場合
22:                 break;
23:             }
24:         }
25:
26:         $numArr[] = $num;      // 選び出した数字を配列$numArrの最後に追加する
27:     }
28:
29:     // 6個の数字を小さい順に並び替える
30:     sort( $numArr );
31:
32:     // 6個の数字を表示する
33:     foreach( $numArr as $num ){               // 配列の要素の数分繰り返す
34:         echo $num, '<br>', PHP_EOL;           // 数字を表示する
35:     }
36: ?>
37: </body>
38: </html>
```

CHAPTER 11 便利な関数を使ってみよう

Step2 Webブラウザで動作を確認

Webブラウザから以下のURLにアクセスします。図11.9のような結果が表示されれば成功です[注5]。

http://localhost/testphp/loto6.php

```
以下の6コの数字を選びだしました！　当たるかな？

6
18
19
23
35
41
```

再び実行させたい場合は、Webブラウザのリロード機能を使うと可能です。WindowsのInternet Explorerを使っている場合は、以下のどれかの操作をするとページがリロードされ、再度プログラムが実行されます。

- メニューから「表示」→「最新の情報に更新」を選択する。
- ツールバーの更新ボタンを押す。
- キーボードの「F5」キーを押す。（Ctrl＋F5を押すと確実にリロードされる）

11-5-2 億万長者をめざして

それでは、リスト11.5のプログラムの解説をします。

9行目

6個の乱数を求めますが、求めた数字は配列$numArrに入れることにします。まず、array関数を使って$numArrを空の配列として作成します。

11〜27行目

6個の乱数を求めるために、6回の繰り返し処理をfor文で作っています。

12行目

mt_rand関数を呼び出して、1から43までのあいだの乱数を求めます。

> **構文**
> ● mt_rand関数 ── 乱数を取得する
> 選び出された乱数 ＝ mt_rand(最小値, 最大値);

TIPS （注5） 表示される6個の数字はランダムな数なので、実行するたびに変わります。

mt_rand関数の引数には、求めたい乱数の範囲を指定します。今回は、1から43の範囲の乱数を求めるので、1と43を引数に指定しました。

16～24行目

12行目で乱数を求めましたが、その数字は、すでに選んだ数字と同じ可能性があります。このforループでは、同じ数字を選んでいないかをチェックし、同じ数字を選んでしまった場合は、異なる数字を選び出すまで繰り返すという処理を行っています。ここでは、わざと永久ループを作っています(注6)。

18行目

選んだ数字($num)が配列$numArrに含まれているかどうかをチェックしています。in_array関数を使うと、指定の値が配列の中に存在するかどうかを調べられます。

> **構文** ● in_array関数 — 配列の中に指定した値が存在するか調べる
> 結果 = in_array(値 , 配列名)
> 戻り値：配列の中に指定した値が見つかった場合TRUE。
> 　　　　見つからなかった場合、FALSE

含まれていない場合は、重複していない数字を選べたので、22行目のbreak文で内側のfor文を抜けます。同じ数字を選んでいる場合は、19行目で再び乱数を求めます。

26行目

選び出した数字を配列$numArrに入れます。26行目のように配列にキー（添え字）を指定しないで代入すると、配列の末尾に値が追加されます。

30行目

sort関数を使って、6個の選んだ数字を小さい順に並び替えます。表示したときに見やすくなるように、並び替えを行いました。

> **構文** ● sort関数 — 配列のデータを昇順に並び替える
> sort(配列名);

33～35行目

求めた6個の数字を表示しています。

さて、6個の数字を選び出すプログラムが無事に完成しましたので、ロト6を買って運だめしをしてみましょうか…？大当たりするといいですね！？

TIPS （注6）　永久ループを作る場合には、そのループを抜ける条件が必ず存在することを確認しましょう。そうしないと、永久にループしてしまいます。なお、for (;;) と書くと永久ループを作れます。

CHAPTER 11 便利な関数を使ってみよう

要点整理

- ✔ 関数とは、処理をひとまとめにしたものです。
- ✔ PHPに用意されている関数を組込み関数、自分で作る関数をユーザ定義関数といいます。
- ✔ ユーザ定義関数を作ると、同じような処理をまとめられるのでコードが見やすくなります。
- ✔ 関数にデータを渡すには、引数を使います。
- ✔ 関数から値を返すには、return文を使う方法があります。

練習問題

問題1. リストAの関数helloは「こんにちは!」と表示する処理を行います。この関数を呼び出して図Aのような表示をさせるために、空欄①に入る記述を選択してください。

▼ リストA

```
 1: <?php
 2:     header('Content-type: text/html; charset=UTF-8');
 3: ?>
 4: <html>
 5: <body>
 6: <?php
 7: // あいさつを表示する
 8: function hello( )
 9: {
10:     echo 'こんにちは';
11: }
12: 
13:     ①    ;
14: ?>
15: </body>
16: </html>
```

```
こんにちは
```

● 図A

- ア　hello
- イ　hello[]
- ウ　hello()
- エ　function hello()

CHAPTER 12

データベースを操作するには

Webアプリケーションはいろいろなデータを活用しながら動いています。たとえば、ブログは文章データや写真データを使って動くアプリケーションです。Webアプリケーションでデータを保存したり管理したりするには、一般にデータベースが用いられます。本章では、PHPからデータベースを扱う方法を学びます。

12-1	データベースのしくみ	P.202
12-2	ToDoリストを作ってみよう	P.206
12-3	PHPからデータベースを操作するには	P.214
12-4	ToDoリストを追加する	P.216
12-5	ToDoリストを表示する	P.224
12-6	ToDoリストから検索する	P.228
12-7	ToDoリストから削除する	P.232

CHAPTER 12　データベースを操作するには

12-1　データベースのしくみ

多くのWebアプリケーションで、データを効率よく管理するためにデータベースが使われています。まずは、データベースの構造としくみについて説明します。

12-1-1　データベースとは

データベースは簡単にいうと「データを集めて、管理する機能を搭載したもの」です。大量のデータの保存に適していて、データに対して行うさまざまな操作（追加、削除、検索など）のしくみも提供されます。

データベースは格納されるデータの構造によっていくつかの種類がありますが、現在広く使われているのが**リレーショナルデータベース**（Relational Database：RDB）です。本書で使用するMySQLもその1つです。

12-1-2　テーブルの構造

リレーショナルデータベースは、2次元の表形式でデータを管理します。表全体をテーブルと呼びます。テーブルのイメージを図12.1に示します。このテーブルは、12-2以降で作成するToDoリストのアプリケーションで使う「ToDoリストテーブル」です。

		カラム(列)	
ID	ToDo	優先度	登録日
1	洗濯用洗剤を買う	低	2015-02-12
2	郵便局に荷物を取りに行く	高	2015-02-15
3	コンビニで振込をする	高	2015-02-19
4	毎月の通信料金について調べる	低	2015-02-20
5	実家に電話する	低	2015-02-22

レコード(行) — 4行目を指す

●図12.1　テーブルの例「ToDoリストテーブル」

テーブルの列を**カラム**、行を**レコード**と呼びます[注1]。リレーショナルデータベースでは、レコード単位でデータの読み書きを行います。そのため、「1件のデータ」を「1レコードのデータ」のように呼ぶことがあります。

テーブルの列には、**主キー**（**プライマリキー**）という属性を設定することができます。ある列を主キーに設定すると、その列によって1件のデータを特定することができます。ToDoリストテーブル例では、ID列を主キーにして重複しない番号を入れておけば、その番号によって1レコードのデータを特定できます（**図12.2**）。

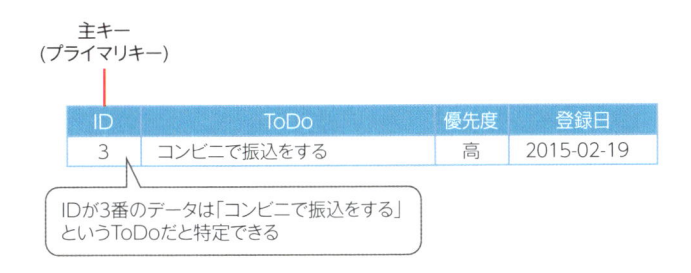

主キー
（プライマリキー）

ID	ToDo	優先度	登録日
3	コンビニで振込をする	高	2015-02-19

IDが3番のデータは「コンビニで振込をする」というToDoだと特定できる

● 図12.2　主キー（プライマリキー）

12-1-3　データベースサーバ

リレーショナルデータベースを使うシステムは、**データベースサーバ**と**クライアント**という構成で成り立っています。MySQLなどのデータベースはサーバとして働き、PHPなどで作られたプログラムはクライアントとして動作します。クライアントは、データベースサーバに要求することによりデータベースの機能を利用できます（**図12.3**）。

クライアント　　　　　　　　　　　　データベースサーバ　　　　　　データベース

① データベースへの操作を要求する
（追加/検索/削除/更新など）

PHPプログラム　　　　　　　　　　　　MySQL

② データベースを操作する

③ データベースを操作した結果を応答する
（操作結果/取得データなど）

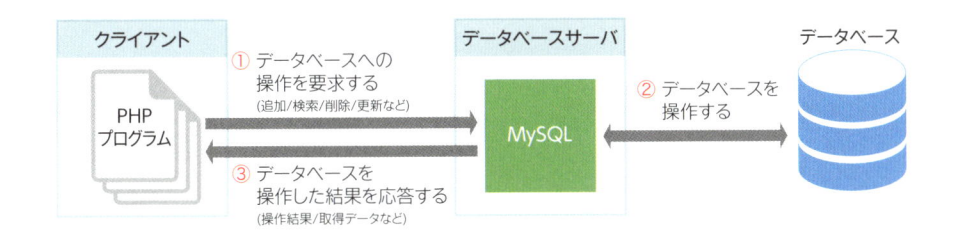

● 図12.3　データベースサーバの構成

> **TIPS**　（注1）　カラムはフィールドと呼ばれることがあります。また、レコードはローと呼ばれることがあります。

CHAPTER 12　データベースを操作するには

たとえば、PHPプログラムからデータベースにデータを追加する場合の流れは次のようになります。

① PHPプログラムからデータベースサーバに対して「データ追加」の要求を送信する
② データベースサーバは要求を受け取り、実際にデータの追加を行う
③ 実行した結果の応答を、PHPプログラムに返信する

このように、データベースはサーバとクライアントがお互いにやりとりをして機能します。クライアントからデータベースサーバに対して要求するときは、専用の言語が使われます。それが以降で説明するSQLという言語です。

12-1-4　SQLとは

データベースに対してデータを追加したり削除したり、データベースを実際に操作するには**SQL**(注2)というデータベース専用の言語を使います。SQLを使うことで、いろいろなプログラミング言語や開発ツールから同じ方式でデータベースを操作できます。データベースの開発元が独自に定めたSQLの文法もありますが、ISO（国際標準化機構）が定めた標準SQLという規格が存在しています(注3)。

PHPからデータベースを操作するには、プログラムで操作したい内容を**SQL文**として作成し、データベースに対して送信します（図12.4）。SQL文は、データベースに対して指示を行うので**SQLコマンド**とも呼ばれます。

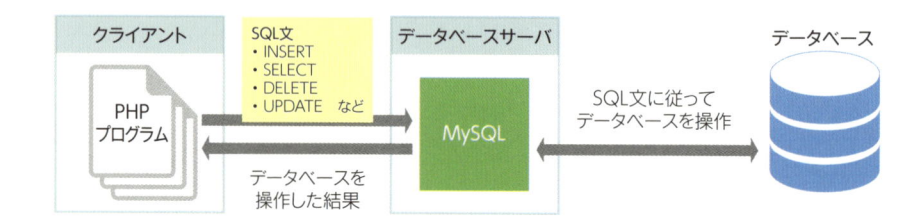

● 図12.4　SQLでデータベースを操作

データベースサーバは受信したSQL文に従って、データベースにデータを追加したり削除したりなどの実際の操作を行います。データベース操作では、次の4つの文がよく使われます。

> **TIPS**　（注2）　SQLは一般的にStructured Query Language（構造化問い合わせ言語）の略と言われることが多いです。しかし、ISOの規格ではSQLは何の略語でもないとされています。
>
> （注3）　多くのデータベースで標準SQLに対応していますが、データベースによっては標準SQLの一部の文法に対応していない場合もあります。

- INSERT …… データを追加する
- UPDATE …… データを更新する
- DELETE …… データを削除する
- SELECT …… データを検索する

データベースサーバにSQLで要求することを「**SQLを発行する**」とか「**SQLを呼び出す**」のように言うことも多いので覚えておきましょう。

CHAPTER 12 データベースを操作するには

12-2 ToDoリストを作ってみよう

これまで、データベースの基本的なしくみについて学びました。ここからは、PHPからデータベースを操作するアプリケーションの例として、ToDoリストを作る作業に進んでいきましょう。

12-2-1 ToDoリストの仕様

ToDoリストとは、日常生活で「行うべきこと (ToDo)」をメモしておくアプリケーションです。本書では図12.5のような画面のToDoリストを作ります。

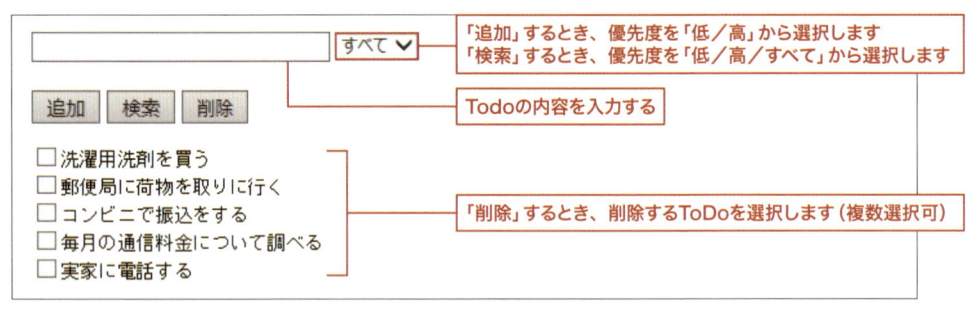

● 図12.5 ToDoリストの画面

「追加」するとき、優先度を「低／高」から選択します
「検索」するとき、優先度を「低／高／すべて」から選択します
Todoの内容を入力する
「削除」するとき、削除するToDoを選択します（複数選択可）

ToDoリストには、次のような機能をいれることにします。

● 表示機能
保存されているToDoの一覧が表示されます。

● 追加機能
テキストボックスにToDoの内容（最大100文字）を入力し、優先度を「低／高」から選択します。そして「追加」ボタンをクリックするとToDoリストに追加されます。優先度は、ToDoが急いで行う必要がある場合は「高」を、そうでない場合は「低」を選択します。

● 検索機能
保存されているToDoを優先度で検索します。優先度を「低／高／すべて」から選択し「検索」ボタンをクリックすると、選択した優先度のToDoが表示されます。「すべて」を選択すると、すべてのToDoが表示されます。

●削除機能

各ToDoの左側にチェックボックスがあります。削除したいToDoを選択して「削除」ボタンをクリックすると、選択したToDoが削除されます。

12-2-2 テーブルについて考える

ToDoリストにToDoを保存するためのテーブルを作ります。テーブルを作るにあたり、次の内容を検討します。

- テーブル名
- 1レコードに保存する項目
- 各項目の詳しい仕様（列名、データ型など）

1件のToDoにはどのような情報が必要かを考えてみます。図12.5のようなToDoリストを作りますので、ToDoの内容と優先度はもちろん必要です。検討した結果、ここでは次の4つの項目を保存することにしました。

① ID
② ToDo
③ 優先度
④ 登録日

IDは、ToDoの1件1件を識別するための番号です。テーブルを作る場合、一般に識別用の番号を入れておきます。重複しない識別用の番号を付けることでデータが扱いやすくなります。

登録日は今回作るToDoリストでは必ず要るわけではないのですが、ToDoをいつ追加したかがわかるように入れておきます。

①から④の項目は、テーブルでは列に対応します。テーブルではそれぞれの列について、列の名前（列名）とデータ型を指定する必要があります。ここでは、表12.1のように考えてみました。テーブル名は、todolistとしましょう。

●表12.1 todolistテーブル

	列名	データ型	説明
ID	id	INT	識別するための番号（主キー）
ToDo	todo	VARCHAR (100)	ToDo項目の内容
優先度	prio	INT	ToDo項目の優先度（0：低、1：高）
登録日	created	DATE	ToDoを追加した日

CHAPTER 12 データベースを操作するには

列名^(注4)にはその列をあらわすわかりやすい名前を付けます。列名に使える文字は、アルファベット、数字、アンダーバーに限られ、全角文字は使えません。

データ型は、データの種類を表します。todolistテーブルでは**表12.2**に示すデータ型を使います。データベースで使えるデータ型は実際には数多くありますが、**表12.2**に示すデータ型はよく使われる基本的なデータ型です。

● 表12.2　データベースのデータ型

データ型	説明
INT	整数
VARCHAR	文字列（最大の文字数を指定する）
DATE	日付（年月日）（'2015-02-28'のような形式）

VARCHAR型では最大の文字数をカッコで囲んだ数値で指定します。todolistテーブルのtodo列は最大100文字とするので、データ型をVARCHAR(100)としています^(注5)。

12-2-3　データベースを作る

ToDoを保存するテーブルの詳細が決まったので、実際にテーブルを作りましょう。まず本書での学習用のデータベースを作成し、そのデータベースの中にテーブルを作成します。本書ではphpMyAdminというツールを使ってその作業を行います。以降に手順を示します。

やってみよう　データベースの作成

Step1　サーバを起動

WebサーバとMySQLサーバを起動させます。WebサーバとMySQLサーバを起動させる方法については、**2-2-2**と**2-2-3**を参照してください。

TIPS
(注4)　列名は、カラム名やフィールド名と呼ばれることもあります。
(注5)　VARCHARに指定できる文字数の最大値は、データベースの種類やテーブルの設計内容によって異なります。

Step2 phpMyAdminを起動

XAMPP Control Panel画面で、MySQLの「Admin」ボタンをクリックします（図12.6）。

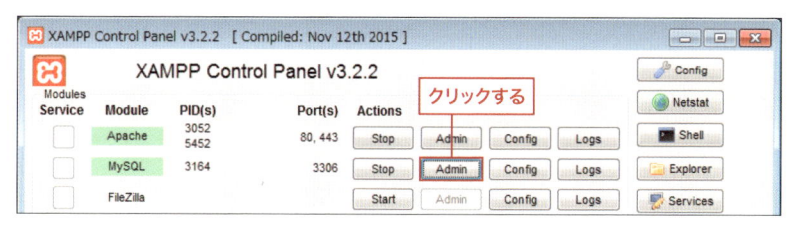

● 図12.6　XAMPP Control Panel

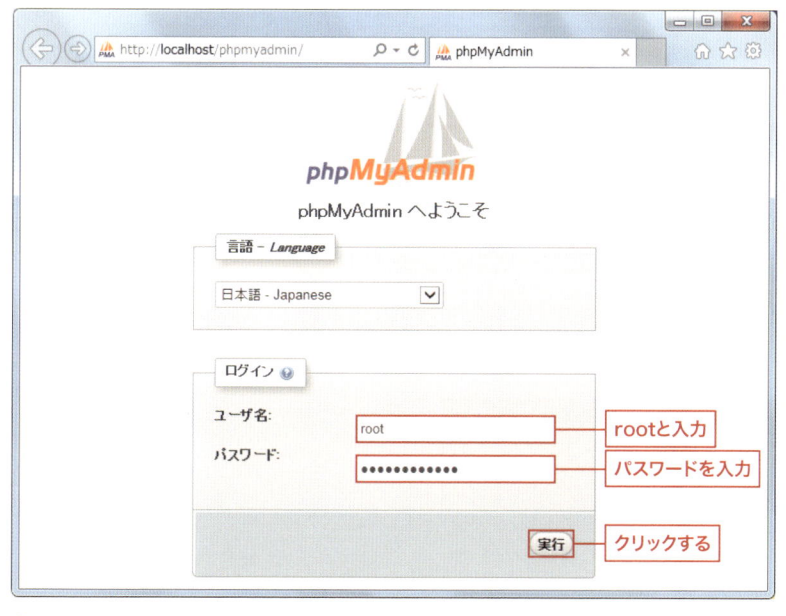

Step3 phpMyAdminにログイン

Webブラウザが起動しphpMyAdminのログイン画面が表示されます。ログインするためのユーザ名とパスワードを入力し、「実行」をクリックします（図12.7）。ユーザ名とパスワードは次の内容を入力してください。

- ユーザ名　……　root
- パスワード　……　33ページのStep3で設定したパスワード

ご使用のXAMPPのバージョンによりますが、phpMyAdminの開始時にエラーとなり図12.7のログイン画面が表示されない場合があります。その場合には、213ページのコラムで説明する設定を行ってください。

● 図12.7　phpMyAdminにログイン

CHAPTER 12 データベースを操作するには

Step4 「データベース」タブをクリック

表示された画面で「データベース」タブをクリックします（図12.8）。

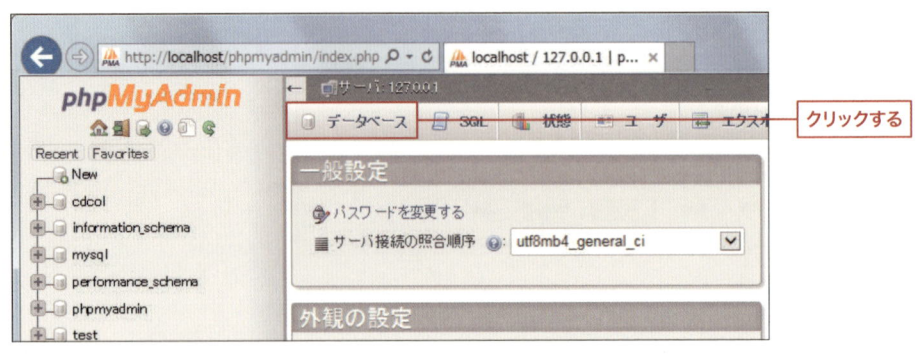

● 図12.8 「データベース」タブ

Step5 データベースを作成

データベースの画面が表示されます。「データベースを作成する」と表示されている下の入力部分に以下を入力し、「作成」ボタンをクリックします（図12.9）。

- データベース名 …… zpdb
- 照合順序　　　…… utf8mb4_unicode_ci

データベースが作成されると図12.10のようなメッセージが数秒間表示されます。

● 図12.9 データベース作成

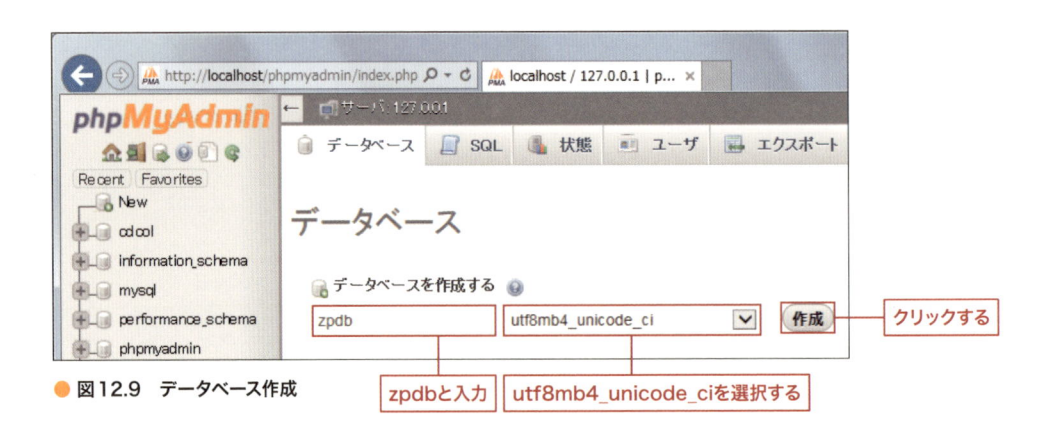

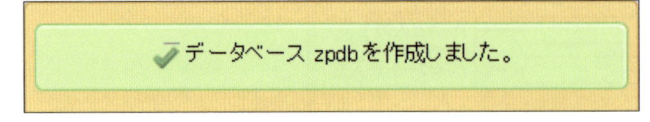

● 図12.10 データベース作成完了

12-2-4 テーブルを作る

　ここまでの手順で、zpdbという名前のデータベースが作成されました。続いてテーブルを作成します。

やってみよう　テーブルの作成

Step1　データベース「zpdb」を選択

　画面左側にあるデータベースのツリーの「zpdb」をクリックします（図12.11）。

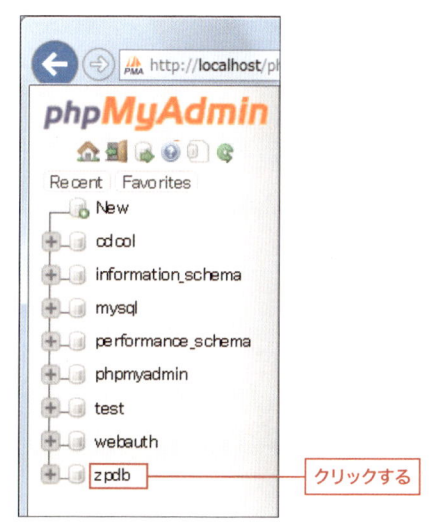

● 図12.11　zpdbをクリック

Step2　テーブル名とカラム数を入力

　テーブル作成の入力部分に次の内容を入力し、「実行」ボタンをクリックします（図12.12）。

- 名前　　…… todolist
- カラム数 …… 4

CHAPTER 12　データベースを操作するには

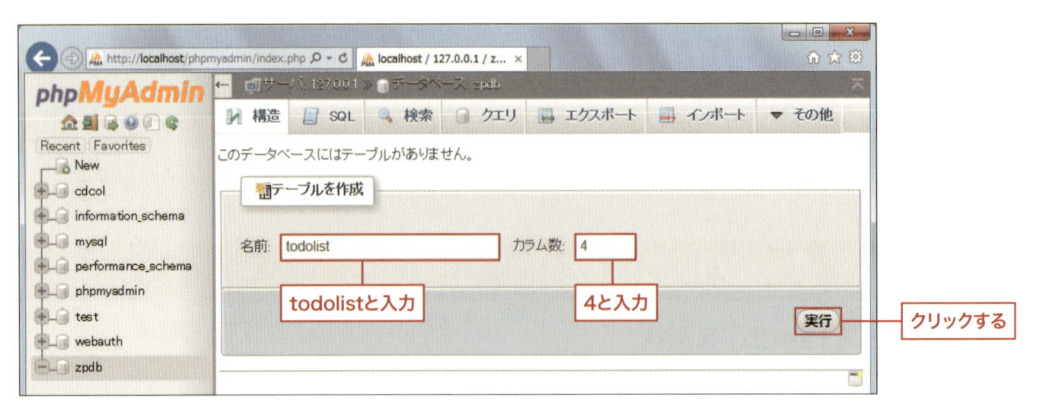

●図12.12　テーブル作成

Step3　テーブルの各列を設定

テーブルを各カラムを設定する画面が表示されますので、図12.13のように入力してください。入力項目が多くて大変ですが間違えないように気をつけてください。id列の入力を行っている際に図12.14のような画面が表示された場合は、「実行」をクリックしてください。

●図12.13　テーブルの各列を入力

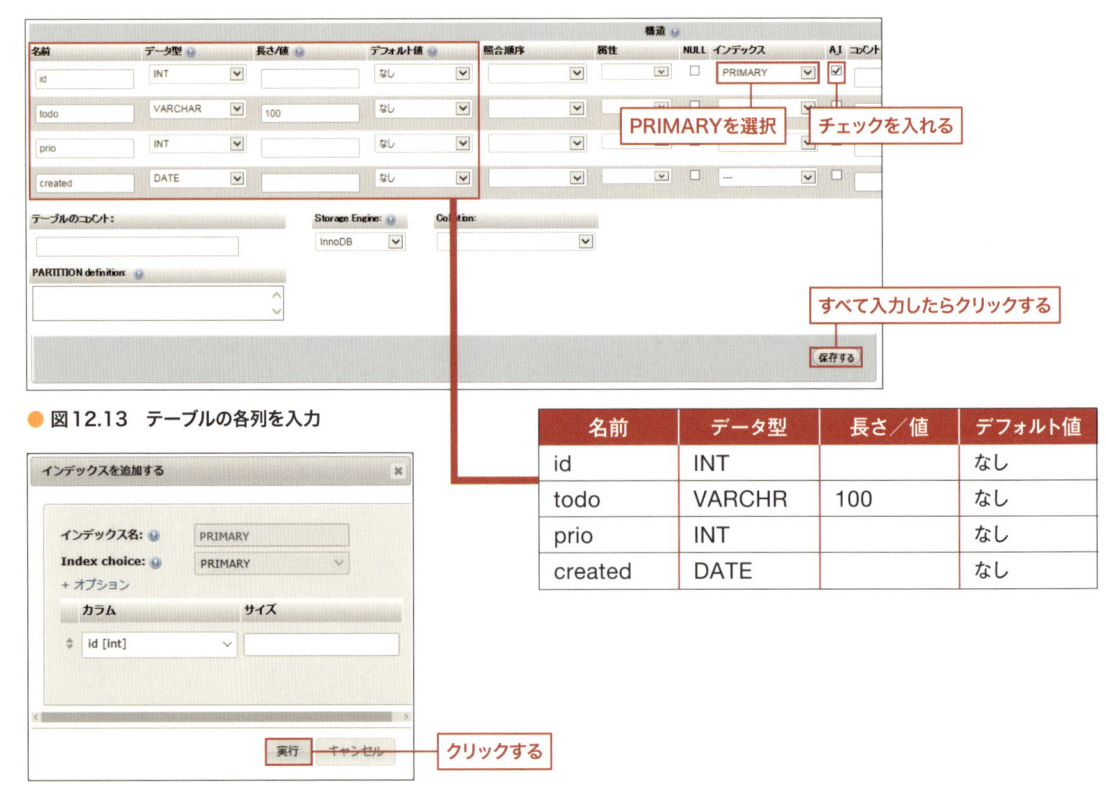

名前	データ型	長さ／値	デフォルト値
id	INT		なし
todo	VARCHR	100	なし
prio	INT		なし
created	DATE		なし

●図12.14　「インデックスを追加する」画面

入力し終わったら内容が合っていることをもう1度確認して「保存する」ボタンをクリックしてください。
　これで、todolistテーブルができあがりました。

　todolistテーブルのid列については、次の設定を行っています。

① インデックスのPRIMARYを指定する
② A_Iを指定する

　①は、id列を主キー（プライマリキー）にする設定です。ある列を主キーに設定すると、その列によって1件のデータを特定することができます。主キーを設定した列のデータは重複が許されていません。todolistテーブルでは、idの番号が分かれば、それに紐付けられた1件のToDoを引き当てられるようにしています。
　②のA_I（AUTO_INCREMENT）は自動連番を意味します。AUTO_INCREMENTを指定すると、新しいレコードをテーブルに追加するたびに自動的に1ずつ大きな整数がその列のデータとして保存されます。todolistテーブルのid列のように、主キーとして一意な整数を入れればよいという場合に設定すると便利です。

COLUMN

phpMyAdminの開始時にログイン画面が表示されない場合

ご使用のXAMPPのバージョンによりますが、phpMyAdminを開始したときにログイン画面が表示されない場合があります。その場合には以降の設定を行うことにより、phpMyAdminのログイン画面を表示させることが可能です。

① エディタ（本書ではTeraPad）を起動し、次のファイルを開きます。

```
C:\xampp\phpMyAdmin\config.inc.php
```

② 次の記述を探します（19行目くらい）。

```
$cfg['Servers'][$i]['auth_type'] = 'config';
```

① ②の行を次のように変更して、保存してください。

```
$cfg['Servers'][$i]['auth_type'] = 'cookie';
```

CHAPTER 12 データベースを操作するには

12-3 PHPからデータベースを操作するには

データベースとテーブルの準備が整いましたので、いよいよPHPのプログラムを作る作業に進みます。本書では、PHPからPDOというライブラリを使ってデータベースを操作する方法を紹介します。

12-3-1 PDOでデータベースを操作する

PDO（PHP Data Objects）はデータベースを操作するためのライブラリで、PHPに標準で組み込まれています。PDOを使うと、データベースの種類（MySQL、PostgreSQL、Oracleなど）が何であるかを意識せずに同じようなプログラムの書き方でデータベースを操作できます。

PHPからデータベースを操作するときの流れを図12.15に示します。

① データベースに接続する → ② SQL文を発行する → ③ データベースから切断する
※結果があれば受け取る

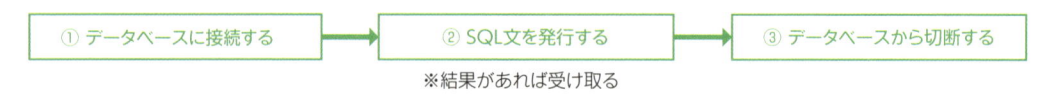

● 図12.15　データベース操作の流れ

データベースを操作するには、まずデータベース[注6]へ接続する必要があります。

12-3-2 データベースへの接続と切断

データベースを操作するときには、まずデータベースへの接続を行います。PDOを使ってデータベースに接続するには、リスト12.1のように記述します。

● リスト12.1　データベースへ接続

```
1: $dsn = 'mysql:dbname=zpdb;host=localhost;charset=utf8mb4';  // DBへの接続情報
2: $user = 'root';                                              // ユーザ名
3: $password = 'XXXXXXXXXXXX';                                  // パスワード
4: try {
5:     $dbh = new PDO($dsn, $user, $password);                  // DBへ接続
6: } catch (PDOException $e) {
7:     die('Connect Error: ' . $e->getCode());                  // DB接続エラー時の処理
8: }
```

> **TIPS** （注6）　PDOがサポートしているデータベースの種類についてはPHPマニュアルの次のページを参照してください。
> http://php.net/manual/ja/pdo.drivers.php

1行目では、データベースへの接続情報を記述しています。MySQLを使う場合は、一番左に「mysql:」と記述し、それに続いて接続情報を記述します。ここでは、データベース名（zpdb）、ホスト名（localhost）、文字エンコーディング（utf8mb4）を指定しています。

　データベースに接続するときは、ユーザ名とパスワードを指定します。何を指定するかはサーバ環境に依存します。本書の環境では次の内容を指定してください。

- ユーザ名　……root
- パスワード……33ページのStep3で設定したパスワード

　5行目でデータベースへ接続します。ここで得られた$dbhという変数はPDOオブジェクトというもので、以降のデータベース処理で必要になります。もし、データベースへの接続が失敗した場合は7行目が実行され、エラーメッセージを表示してプログラムを終了します[注7]。ここでは、try～catch構文による例外処理を記述しています。例外処理については、このページのコラムを参照してください。

　データベースの操作が終わった後は、データベースから切断します。接続中のデータベースから切断するには、リスト12.2のように記述します。PDOオブジェクトの変数にnullを代入します[注8]。

● リスト12.2　データベースから切断

```
$dbh = null;
```

COLUMN

例外処理

　「例外」とは簡単に言うと「プログラムの実行を続けられないほどの重大なエラーが発生した状態」のことです。例外が起きたときにそれをつかまえて対応する処理を行うしくみがtry～catch構文です。tryブロック内の処理で例外が発生すると、catchへ飛んでcatchブロック内の処理が実行されます。

　リスト12.1では、PDOでデータベースへの接続時にtry～catch構文を使っています。PDOはデータベースの接続に失敗すると例外を発生させるので、その場合はcatchブロック内の処理が実行されます。リスト12.1では、データベースへの接続が失敗すると「Connect Error: 1045」のように例外の種類を示す番号を表示してプログラムを終了しています。

TIPS　（注7）　dieはPHPに含まれる言語構造の1つで、指定されたメッセージを表示してプログラムの実行を終了します。
　　　（注8）　明示的にPDOオブジェクトの変数にnullを代入しなかった場合、プログラムの終了時に自動的に切断されます。

12-4 ToDoリストを追加する

12-2-4ではToDoを保存するためのtodolistテーブルを作りました。しかし、テーブルを作っただけでデータはまだ何も保存されていません。そこで、まずはToDoを追加するプログラムを作ってみましょう。

12-4-1 INSERT文で追加する

テーブルに1レコードのデータを追加するには、SQLのINSERT文を使います。INSERT文の基本構文は次のようになります。

> **SQLの構文** ● テーブルにデータを追加する
> INSERT INTO テーブル名 (列1, 列2 ……) VALUES (値1, 値2 ……)

列と値は複数指定できますが、記述した順番に1対1で対応します。列1には値1を入れ、列2には値2を入れるという意味になります。たとえばToDoリストにレコードを追加するときのINSERT文は次のようになります。

```
INSERT INTO todolist (todo, prio, created) VALUES ('銀行に行く', 1, '2015-02-14')    ──実際は一行
```

上記のINSERT文では、todo列に'銀行に行く'を、prio列に数値の1を、created列に'2015-02-14'を入れた1件のレコードをtodolistテーブルに追加します。この記述例ではテーブルに追加するデータは固定的です。しかしToDoリストアプリケーションでは画面から入力された可変的なデータをテーブルに追加する必要がありますので、その方法について説明します。なお、本書ではプリペアドステートメント[注9]を使うSQLについて述べます。

> **TIPS** （注9） プリペアドステートメントについては、223ページのコラムを参照してください。

12-4-2 ≫ プレースホルダを使うSQL

todolistテーブルに1件のToDoを追加するために、プログラムでは図12.16のようなSQL文を作ることにします。

```
INSERT INTO todolist (todo, prio, created)
                         VALUES (?, ?, CURDATE())
```

プレースホルダ
ToDoの値をバインドする　優先度の値をバインドする　createdに現在の日を入れる

● 図12.16　INSERT文

「?」は**プレースホルダ**と呼ばれる特別な記号です。後から値を埋め込む場所に「?」を記述しておき、実際に埋め込む値は後から設定します。プレースホルダに実際の値を割り当てることを「**バインドする**」といいます。ここでは、todo列とprio列に入れる値の部分にプレースホルダを指定しています。

CURDATE()はMySQLに組み込まれている関数で、現在日時を'YYYY-MM-DD'の形式で取得します。このように記述すると、ToDoを追加したときの日時をcreated列に格納できます。

プリペアドステートメントを用いてSQLを実行するには、次の手順を行います。

① SQL文の準備
② プレースホルダに値をバインド
③ SQL文の実行

「SQL文の準備」というのはちょっとわかりづらい表現ですが、「作成したSQL文をデータベースに渡して、データベース側でSQL実行前の準備してもらう」という意味です。SQL文を作成してから実行するまでの処理をプログラムで書くと、**リスト12.3**のようになります。

● リスト12.3　プリペアドステートメントでSQLを実行

```php
1: $sql = 'INSERT INTO todolist (todo, prio, created) VALUES (?, ?, CURDATE())';
2: $sth = $dbh->prepare($sql); ── SQL文の準備
3: $sth->bindValue(1, $_POST['todocont'], PDO::PARAM_STR); ── 1番目のプレースホルダに値をバインド
4: $sth->bindValue(2, $prio, PDO::PARAM_INT); ── 2番目のプレースホルダに値をバインド
5: $sth->execute(); ── SQL文の実行
```

1番目のプレースホルダ　2番目のプレースホルダ

CHAPTER 12 データベースを操作するには

1行目でプレースホルダ付きのSQL文を作成します。2行目がSQL文の準備です。SQL文を引数にしてprepareメソッド[注10]を呼び出すと、データベース側でSQL文を実行するための準備が行われ、ステートメントオブジェクトが返ります。ステートメントオブジェクトは以降の処理で必要なもので、ここでは$sth変数がそれに該当します。

3行目と4行目でプレースホルダに値を埋め込みます。1行目でSQL文を作成したときに、後から値を埋め込むためにプレースホルダを2つ記述しました。それらのプレースホルダに値を埋め込むには、bindValueメソッド[注11]を呼び出します[注12]。

> **構文 ● bindValueメソッド（PDOStatementクラス）**
> ── プレースホルダ（bindValueメソッド）に値をバインドする
> $sth->bindValue(プレースホルダの位置, バインドする値, データ型)

bindValueメソッドの第1引数には、何番目のプレースホルダに値を入れるかを番号で指定します。今回の例では、1番目のプレースホルダはがtodo列に対応し、2番目のプレースホルダがprio列に対応します。第2引数には、プレースホルダに埋め込む値を指定します。第3引数には、埋め込む値のデータ型を指定します。引数に指定するデータ型はPDOで定義されていて、よく使われるのは表12.3に示すものです。

● 表12.3 bindValueメソッドで指定するデータ型

データ型	説明
PDO::PARAM_INT	バインドする値が整数であることを示します
PDO::PARAM_STR	バインドする値が文字列であることを示します

リスト12.3の4行目の例では、「2番目のプレースホルダに$prio変数の値を埋め込みます。埋め込む値のデータ型は整数です」という意味になります。

すべてのプレースホルダに値を埋め込んだら、リスト12.3の5行目のようにexecuteメソッドを呼び出し、実際にSQL文を実行します。

TIPS
（注10）prepareはPDOクラスの関数です。クラスは簡単に言えば、処理とデータをひとくくりにしたものです。クラスの中に含まれる関数のことをメソッドやメンバ関数と呼びます。

（注11）bindValue、executeはPDOライブラリに含まれるPDOStatementクラスのメソッドです。

（注12）プレースホルダに値を埋め込むにはbindParamメソッドを使う方法もありますが、本書ではbindValueメソッドを使う方法のみを説明しています。

12-4-3 ToDoリストを追加するプログラム

それでは、ToDoをテーブルに追加するプログラムを作ってみましょう。エディタにリスト12.4のコードを入力して、次のファイル名で保存します。

C:¥xampp¥htdocs¥testphp¥todo1.php

● リスト12.4　ToDoを追加するプログラム（todo1.php）

```php
 1: <?php header('Content-type: text/html; charset=UTF-8'); ?>
 2: <html>
 3: <body>
 4: <form method="post" action="/testphp/todo1.php">
 5: <input type="text" name="todocont" size="30" maxlength="100">
 6: <?php
 7: $prioDisp = 2;      // 表示する優先度     0:低、1:高、2:すべて
 8: $selStr = array( '', '', '' );
 9: $prio = 0;          // ToDoを追加するときに指定する優先度(0～2)
10: if(isset( $_POST['priority'] )){
11:     $prio = (int)$_POST['priority'];
12: }
13: ?>
14: <select name="priority">
15: <option value="2">すべて
16: <option value="1">高
17: <option value="0">低
18: </select>
19: <br><br>
20: <input type="submit" name="insert" value="追加">
21: <input type="submit" name="search" value="検索">
22: <input type="submit" name="delete" value="削除">
23: <pre>
24: <?php
25: // MySQLに接続する
26: $dsn = 'mysql:dbname=zpdb;host=localhost;charset=utf8mb4';  // DBへの接続情報
27: $user = 'root';                                              // ユーザ名
28: $password = 'XXXXXXXXXXXX';                                  // パスワード
29: try {
30:     $dbh = new PDO($dsn, $user, $password);          // DBへ接続
31: } catch (PDOException $e) {
32:     die('Connect Error: ' . $e->getCode());          // DB接続エラー時の処理
33: }
34:
35: $dbh->setAttribute(PDO::ATTR_EMULATE_PREPARES, false); // エミュレート機能をオフ
36:
37: // 追加ボタンが押されたときの処理
38: if(isset( $_POST['insert'], $_POST['todocont'] ) && $_POST['todocont'] != ''){
39:     if( $prio < 0 || $prio > 1 ){         // 優先度が低でも高でもない場合
```

CHAPTER 12 データベースを操作するには

```
40:          $prio = 0;                       // 低にする
41:      }
42:      $sql = 'INSERT INTO todolist (todo, prio, created) VALUES (?, ?, CURDATE())';
43:      $sth = $dbh->prepare($sql);
44:      $sth->bindValue(1, $_POST['todocont'], PDO::PARAM_STR);
45:      $sth->bindValue(2, $prio, PDO::PARAM_INT);
46:      $sth->execute();                     // SQL実行
47: }
48: $dbh = null;
49: ?>
50: </pre>
51: </form>
52: </body>
53: </html>
```

todo1.php（**リスト12.4**）のプログラムの解説をします。

7～8行目

$prioDispと$selStrはここでは使わない変数です。あとで使うために記述しているのですが、これについては**12-6-2**で説明します。

10～12行目

「追加」、「検索」、「検索」のどれかのボタンが押されると、$_POST['priority']には、セレクトボックスで選択された優先度（0: 低、1: 高、2: すべて）が入ってくるはずです。優先度が設定されていることを確認するため、$_POST['priority']に値が設定されているかどうかをisset関数で調べています。

> **構文** ● **isset関数** ― 変数に値が設定されているかを調べる
> 結果 = isset(変数1, 変数2 ...)
> 戻り値：変数に値が設定されている場合TRUE
> 　　　　変数に値が設定されていない場合や変数にNULLが設定されている場合、
> 　　　　FALSE

26～33行目

MySQLデータベースに接続します。

35行目

PDOのプリペアドステートメントのエミュレート機能を無効にします。詳しくは223ページのコラムを参照してください。

38～47行目

38行目では、「追加ボタンが押されて、かつ、ToDoのテキストボックスに文字が入

力されたか」を調べています。このように、isset関数には複数の変数を指定できます。指定した変数のすべてに値が設定されているときにTRUEが返ります。

39～41行目ですが、$prioには画面から指定された優先度が入っています。ToDoをテーブルに追加するとき、優先度は低か高のどちらかになります。そこで、ここではもし優先度が低か高のどちらでもない場合、強制的に優先度を低にしています。

42～46行目では、**12-4-2**で説明したようにSQL文の作成から実行までの処理を行っています。

48行目

MySQLデータベースから切断します。

それでは、ToDoを追加するプログラムを実行してみましょう。Webブラウザから次のURLにアクセスします。

`http://localhost/testphp/todo1.php`

図12.17の画面が表示されるので、テキストボックスにToDoの内容を入力し、優先度のセレクトボックスで低または高を選択して、「追加」ボタンをクリックしてください。

● 図12.17　ToDoリスト画面

今の時点では、ToDoデータを表示する処理をまだ記述していないので、表示上は何も変化しません。しかし、ToDoはデータベースに保存されているはずですので次項で確認してみましょう。

12-4-4 テーブルのデータを確認

テーブルを作るときにphpMyAdminというツールを使いました。phpMyAdminを使うと、テーブルに保存されているデータを見ることができます。次に示す手順で追加したToDoが保存されているかを確認してみましょう。

やってみよう　データの確認

Step1　phpMyAdminにログイン
phpMyAdminのログイン画面でログインします[注13]。

Step2　データベース「zpdb」を選択
画面左側にあるデータベースのツリーの「zpdb」をクリックします[注14]。

Step3　todolistテーブルの内容を確認
zpdbのツリーが展開されて、テーブルの一覧が表示されます。テーブルの一覧の「todolist」をクリックします（図12.18）。クリックすると、画面にtodolostテーブルに保存されている内容が表示されます。

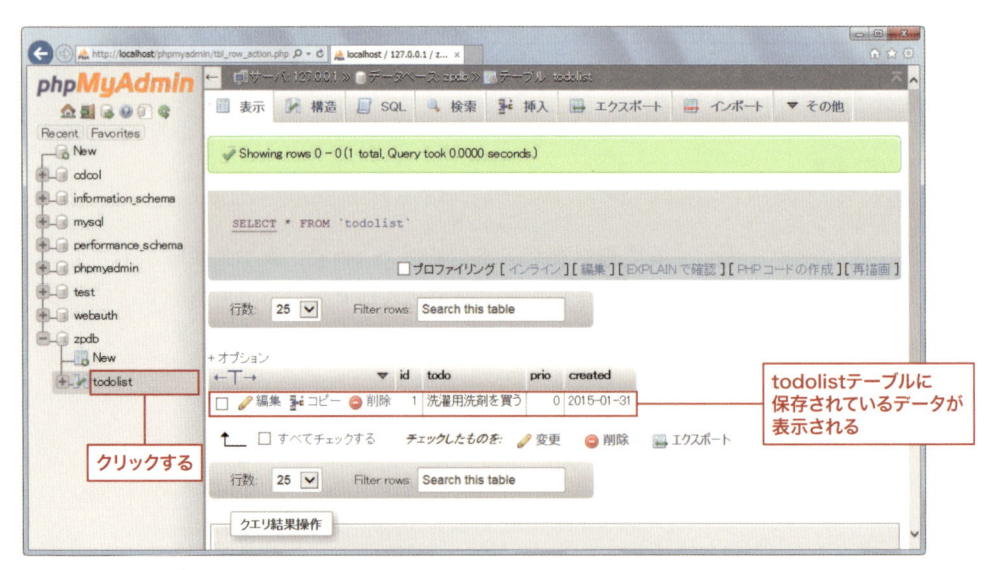

● 図12.18　todolistテーブルのデータを確認

> **TIPS**
> [注13] phpMyAdminにログインするまでの手順については、12-2-3のStep1〜Step3を参照してください。
> [注14] 211ページの図12.11と同じ手順です。

図12.17の画面でToDoを何件か追加し、追加したToDoがtodolistテーブルに保存されていることをphpMyAdminツールで確認してみましょう。

COLUMN

プリペアドステートメント

　プログラムからSQLを呼び出すにはいくつかの方法がありますが、本書ではプリペアドステートメントを使う方法を用います。

　プリペアドステートメントとは、SQL文を事前に準備しておき、パラメータの部分だけを実行時に渡す方法です。状況によりSQLを効率良く実行するための仕組みですが、SQLインジェクションを防ぐ目的でも使われます。プリペアドステートメントは本来データベースサーバが提供する機能ですが、PDOライブラリは自身がプリペアドステートメントをエミュレート(模擬)する機能を持っています。しかし、このPDOのエミュレート機能が働いてしまうと、データベースサーバで本来行うべきプリペアドステートメント機能が有効になりません。そこで本書では次の設定を明示的に行い、PDOのプリペアドステートメントのエミュレート機能を無効にしています。これによりデータベースサーバ側のプリペアドステートメント機能が働くようになります。

```
$dbh->setAttribute(PDO::ATTR_EMULATE_PREPARES, false);
```

　データベースを使うアプリケーションでは重要なデータを扱うことも多くなります。データベースを使った開発を行う場合、SQLインジェクションに代表されるさまざまな攻撃への対策に十分に気を配る必要があります。

　SQLインジェクションとその対策について詳しくは、情報処理推進機構(IPA)が公開する「安全なSQLの呼び出し方」という文書を参照してください。データベースを使った開発を行う場合には一読をおすすめします。次のサイトで参照できます。

```
https://www.ipa.go.jp/security/vuln/websecurity.html
```

CHAPTER 12 データベースを操作するには

12-5 ToDoリストを表示する

これまでの作業で、データベースへToDoリストを追加できるようになりました。続いてToDoリストを表示できるようにしましょう。SQL文のなかでも使用頻度の高いSELECT文を使ってプログラムを作ります。

12-5-1 SELECT文でデータを取得する

テーブルからレコードを取得するには、SQLのSELECT文を使います。SELECT文の基本構文は次のようになります。

SQLの構文	●テーブルからデータを取得する SELECT 列1, 列2 …… FROM テーブル名

SELECTの後ろには、取得したいデータの列の名前を並べて書きます。このSELECT文を実行すると、指定したテーブル内のすべてのレコードを取得します。ときには何かしらの条件を指定して、条件に合ったレコードのみを取得したい場合もあるでしょう。その場合はSELECT文に条件を指定できます。その方法については**12-6**で説明します。

ToDoリストのプログラムでは、todolistテーブルからすべてのToDoを取得するために、図12.19ようなSQL文を作ります。

```
SELECT id, todo FROM todolist
```

●図12.19　SELECT文

todolistテーブルから、すべてのレコードのid列とtodo列のデータを取得するという意味です。プログラムからSELECT文を実行したあと、データを取得するにはもうひと手間必要です。

> **構文** ● fetchメソッド（PDOStatementクラス）── 結果の1レコードを取得する
> $row = $sth->fetch(取得形式)
> 戻り値：取得に失敗するとFALSEが返る。成功したときは指定した取得形式で結果の1レコードが返る。

　fetchメソッドを呼び出すと、SELECT文を実行した結果の1レコードを取得できます。引数に指定する取得形式はPDOで定義されていて、よく使われるのは**表12.4**に示すものです。

● 表12.4　fetchメソッドで指定する取得形式

取得形式	説明
PDO::FETCH_ASSOC	レコードを連想配列で取得します。 連想配列の添え字（キー）は列の名前になります。
PDO::FETCH_NUM	レコードを配列で取得します。
PDO::FETCH_OBJ	レコードをオブジェクトで取得します。

　fetchメソッドを繰り返して複数回呼び出すことにより、SELECT文を実行した結果の全レコードを取得できます。これをプログラムで記述すると**リスト12.5**のようになります。

● リスト12.5　SELECT文を実行しfetchメソッドで結果を取得

```
1: $sql = 'SELECT id, todo FROM todolist';        // SQL文の作成
2: $sth = $dbh->prepare($sql);                     // SQL文の準備
3: $sth->execute();                                // SQL文の実行
4: while($row = $sth->fetch(PDO::FETCH_ASSOC)){    // 結果を取得
5:     echo htmlspecialchars($row['id'], ENT_QUOTES, 'UTF-8');
6:     echo ', ';
7:     echo htmlspecialchars($row['todo'], ENT_QUOTES, 'UTF-8');
8:     echo '<br>', PHP_EOL;
9: }
```

　4行目で、while文の繰り返しの中でfetchメソッドを呼び出しています。fetchメソッドを繰り返し呼び出すことで1レコードずつ取得できますが、すべてのレコードを取得し終えると、fetchメソッドはFALSEを返します。言い換えると、$rowがFALSEになるまでfetchメソッドを繰り返し呼び出しています。

　fetchの取得形式としてPDO::FETCH_ASSOCを指定しているので、$rowがFALSEでないときは、$rowには取得したレコードが連想配列形式で格納されています。列の名前は連想配列のキーになり、$row['id']にはid列のデータが、$row['todo']にはtodo列のデータが入っています。

12-5-2 ToDoリストを表示するプログラム

12-4-3で作成したtodo1.phpを改造して作ることにします。todo1.phpをコピーして次のファイル名で保存してください。

C:¥xampp¥htdocs¥testphp¥todo2.php

やってみよう ToDoリストを表示するプログラム

Step1 fromタグのaction属性を変更

4行目のaction属性を次のように変更してください。

```
<form method="post" action="/testphp/todo2.php">
```

Step2 コードを追加

49行目にリスト12.6の内容を追加します。

● リスト12.6 ToDoリストを表示するプログラム（todo2.phpからの抜粋）

```
48:
49: //    TODOリストを表示する
50: $sql = 'SELECT id, todo FROM todolist';
51: $sth = $dbh->prepare($sql);
52: $sth->execute();      //    SQL実行
53: while($row = $sth->fetch(PDO::FETCH_ASSOC)){
54:     echo '<input type="checkbox" name="chktodo[]" value="';
55:     echo htmlspecialchars($row['id'], ENT_QUOTES, 'UTF-8');
56:     echo '">';
57:     echo htmlspecialchars($row['todo'], ENT_QUOTES, 'UTF-8'), PHP_EOL;
58: }
59:
```

todo2.php（リスト12.6）のプログラムの解説をします。

50～52行目

SQL文を作成し、SQL文を準備したあとSQLを実行しています。ここでは、SQL文でプレースホルダを用いていないのでバインドは不要です。

53行目

fetchメソッドでSELECT文の実行結果を1レコードずつ取得します。

54～57行目

54～56行目では、各ToDoごとのチェックボックスを作成しています。これは12.7で作成する削除機能で、削除するToDoを選択するためのものです。$row['id']で取得したIDをチェックボックスのvalue属性の値に設定しています。データベースから取得した値を表示出力する際には、htmlspecialchars関数でHTML出力のエスケープを行ってください。

57行目の末尾にPHP_EOLを記述していますが、これはこの位置に改行コードを出力しています。これはWebブラウザでソースを表示したときに見やすくするためです。

それでは、ToDoリストを表示するプログラムを実行してみましょう。Webブラウザから次のURLにアクセスします。

http://localhost/testphp/todo2.php

図12.20のように保存されているToDoリストが表示されれば成功です。図は、5件のToDoが保存されている例です。

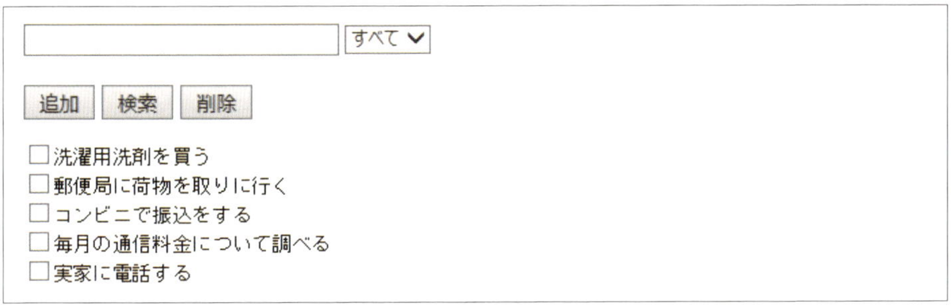

●図12.20　ToDoリスト画面

ここまでで、ToDoリストの追加と表示の機能は完成しました。ToDoを何件か追加して、追加したデータが正しく表示されることを確認しましょう。

12-6 ToDoリストから検索する

前節では保存されているすべてのToDoを表示しました。ここでは、検索条件を与えて条件に合ったToDoのみ表示するように検索機能を追加します。

12-6-1 SELECT文で条件を指定する

　SELECT文に条件を指定すると、条件に合ったレコードを取得できます。12-5-1で記述したSELECT文は条件を指定しない書き方でした。条件を指定するには、SELECT文にWHERE句を記述します。

> **SQLの構文** ● テーブルから条件に合うデータを取得する
> SELECT 列1, 列2 …… FROM テーブル名 WHERE 条件

　WHEREの後ろに条件を書きますが、その部分はWHERE句と呼びます。WHERE句には、単純な条件から複雑な条件までさまざまなものを指定でき、多くの書き方があります。

　ToDoリストのプログラムでは、ToDoを優先度で検索できるようにします。そのため、図12.21のようなSQL文を作ります。

```
SELECT id, todo FROM todolist WHERE prio = ?
```
　　　　　　　　　　　　　　　　　　　　　　　　　　　プレースホルダ
　　　　　　　　　　　　　　　　　　　　　　　　　　　検索する優先度の値を
　　　　　　　　　　　　　　　　　　　　　　　　　　　バインドする

● 図12.21　WHERE句があるSELECT文

　「?」はINSERT文を作成したときにも使ったプレースホルダです。INSERT文のときは、列に入れる値をプレースホルダとしていましたが、ここではWHERE句の条件の値をプレースホルダとしています。このプレースホルダには、検索する優先度の値をバインドします。たとえば次のようにWHERE句の条件を指定すると、優先度が高のレコードを取得できます。

```
SELECT id, prio FROM todolist WHERE prio = 1
```

12-6-2 ToDoリストを検索するプログラム

12-5-2で作成したtodo2.phpを改造して作ることにします。todo2.phpをコピーして次のファイル名で保存してください。

C:¥xampp¥htdocs¥testphp¥todo3.php

やってみよう ToDoリストを検索するプログラム

Step1 fromタグのaction属性を変更

4行目のaction属性を次のように変更してください。

```
 4: <form method="post" action="/testphp/todo3.php">
```

Step2 コードを追加

13行目に以下の内容を追加します。

```
13: if(isset( $_POST['search'])){        // 検索ボタンが押されたか？
14:     if( $prio == 0 || $prio == 1 ){
15:         $prioDisp = $prio;
16:     }
17: }
18: $selStr[$prioDisp] = 'selected';     // 優先度セレクトボックスの選択
```

Step3 optionタグを変更

<option value="2">すべて と書いてあるところからの3行を以下の内容に置き換えてください。

```
21: <option value="2" <?php echo $selStr[2]; ?>>すべて
22: <option value="1" <?php echo $selStr[1]; ?>>高
23: <option value="0" <?php echo $selStr[0]; ?>>低
```

Step4 コードを変更

$sql = 'SELECT id, todo FROM todolist'; と書いてあるところからの2行を以下の内容に置き換えてください。

```
56: if( $prioDisp == 2 ){                // すべてのToDoを表示する
57:     $sql = 'SELECT id, todo FROM todolist';
58:     $sth = $dbh->prepare($sql);
```

CHAPTER 12 データベースを操作するには

```
59: }
60: else{                              // ToDoを優先度で検索して表示する
61:     $sql = 'SELECT id, todo FROM todolist WHERE prio = ?';
62:     $sth = $dbh->prepare($sql);
63:     $sth->bindValue(1, $prioDisp, PDO::PARAM_INT);
64: }
```

todo3.phpのプログラムの解説をします。todo3.phpのすべてのコードを紙面に掲載していないので、自分のエディタ上のプログラムを参照しながらプログラムの解説をお読みください。また、付録CD-ROMに入っているToDoリストのプログラムも参考にしてください。

7行目

ToDoリストの検索は優先度を条件にして行います。$prioDispは検索条件となる優先度を入れる変数で、「0: 低、1: 高、2: すべて」のどれかが入ります。この変数に最初の値として「2: すべて」を入れておきます。こうすることで、もし検索条件が指定されていないときは、すべてのToDoを表示させるようにします。

8行目と18行目と21～23行目

優先度のセレクトボックス選択させた表示にします。何を選択させるかというと、検索条件となった優先度です。ここでは優先度の3つの選択肢に対応する配列$selStrを用意して選択させる項目に'selected'を入れています。

13～16行目

まず「検索ボタンが押されたか」を調べています。「検索」ボタンが押されて低か高の優先度が選択されているときは、それを検索条件として使うよう$prioDisp変数に設定しています。

56～64行目

これまでは常にすべてのToDoを表示していましたが、今回は優先度による検索表示が追加になります。**12-5-2**で作成したtodo2.phpと見比べるとわかりますが、$prioDisp変数の値によって「すべてのToDoを表示する場合」と「低または高で検索して表示する場合」とに処理を分けました。$prioDisp変数が0または1のときは検索条件が指定されていますので、61～63行目でWHERE句付きのSELECT文を実行します。63行目では検索条件の優先度をプレースホルダにバインドしています。

それでは、ToDoリストを検索するプログラムを実行してみましょう。Webブラウザから次のURLにアクセスします。

http://localhost/testphp/todo3.php

　優先度を選択して「検索」ボタンをクリックしてください。指定した優先度のToDoリストが表示されれば成功です（図12.22）。優先度の「低／高／すべて」のそれぞれで検索して正しく表示されることを確認しましょう。

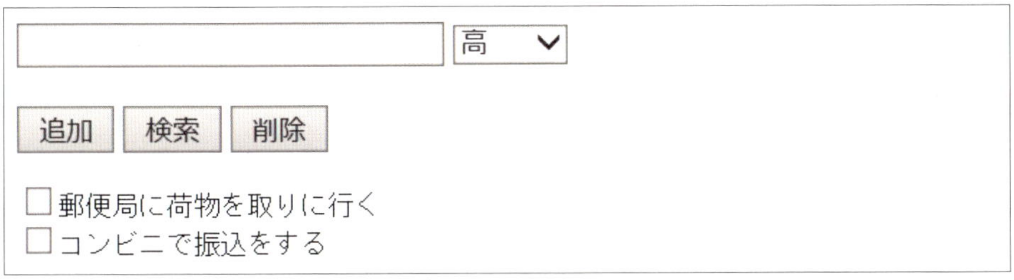

● 図12.22　ToDoリスト画面（優先度の高で検索した例）

12-7 ToDoリストから削除する

ToDoリストへToDoを追加したり、ToDoリストを検索したりすることはできるようになりました。最後に、指定したToDoを削除できるようにしてみましょう。

12-7-1 DELETE文でデータを削除する

テーブルからレコードを削除するには、SQLのDELETE文を使います。DELETE文の基本構文は次のようになります。

> **SQLの構文** ● テーブルからデータを削除する
> DELETE FROM テーブル名 WHERE 条件

データを削除するときは、たいていは何かしらの条件を指定します。なぜなら、もし条件を指定しないとテーブルの中身がすべて削除されてしまうからです。条件はSELECT文でも用いたWHERE句で記述します。DELETE文ではWHERE句で条件を指定すると、その条件に合ったレコードを削除できます。

ToDoリストのプログラムでは、指定したIDのToDoを削除するようにします。そのため、図12.23のようなSQL文を作ります。

```
DELETE FROM todolist WHERE id = ?
```
プレースホルダ / 削除するToDoのIDの値をバインドする

● 図12.23　WHERE句があるDELETE文

INSERT文やSELECT文でも使ったプレースホルダをここでも使います。プレースホルダには、削除するToDoのIDの値をバインドします。たとえば次のようなDELETE文では、IDが3のレコードがtodolistテーブルから削除されます。

```
DELETE FROM todolist WHERE id = 3
```

12-7-2 ToDoリストから削除するプログラム

12-6-2で作成したtodo3.phpを改造して作ることにします。todo3.phpをコピーして次のファイル名で保存してください。

C:¥xampp¥htdocs¥testphp¥todo.php

やってみよう ToDoリストを削除するプログラム

Step1 fromタグのaction属性を変更

4行目のaction属性を次のように変更してください。

```
<form method="post" action="/testphp/todo.php">
```

Step2 コードを追加

54行目にリスト12.10の内容を追加します。

● リスト12.10 ToDoリストから削除するプログラム (todo.phpからの抜粋)

```
54: // 削除ボタンが押されたときの処理
55: elseif(isset( $_POST['delete'], $_POST['chktodo'] )){
56:     $sql = 'DELETE FROM todolist WHERE id = ?';
57:     $sth = $dbh->prepare($sql);
58:     foreach( $_POST['chktodo'] as $chk ){
59:         $id = (int)$chk;
60:         $sth->bindValue(1, $id, PDO::PARAM_INT);
61:         $sth->execute();          // SQL実行
62:     }
63: }
```

todo.php (リスト12.10) のプログラムの解説をします。

55行目

55行目では、「削除ボタンが押されて、かつ、チェックボックスが選択されたか」を調べています。チェックボックスは削除するToDoを選択するためのものです。

56〜57行目

56行目でプレースホルダ付きのSQL文を作成します。57行目がSQL文の準備です。

58〜62行目

削除するToDoは画面から複数選択できます。$_POST['chktodo']には、チェックボッ

CHAPTER 12 データベースを操作するには

クスで選択したToDoのIDが配列形式で格納されています。配列なので58行目のようにforeach文でIDを順番に取り出すことができます。60行目でIDの値をプレースホルダにバインドします。そして61行目でSQLを実行しています。つまり、削除するToDoの数分、バインドとSQLの実行を繰り返し行っているのです。

それでは、ToDoリストから指定したToDoを削除するプログラムを実行してみましょう。Webブラウザから次のURLにアクセスします。

http://localhost/testphp/todo.php

削除するToDoのチェックボックスを選択して「削除」ボタンをクリックしてください（図12.24）。指定したToDoが削除されてToDoリストが表示されれば成功です。

● 図12.24　ToDoリスト画面

これでToDoリストはすべて完成です。このToDoリストはデータベースの基本的な操作（追加、削除、検索）を含むアプリケーションです。本書で学んだ基本的な知識をもとにして、さらにいろいろなプログラムの作成にチャレンジしてみてください。

要点整理

- ✔ リレーショナルデータベースは表形式でデータを管理します。
- ✔ SQLはデータベースを操作するための言語です。
- ✔ PHPからデータベースを操作する方法の1つに、PDOライブラリがあります。
- ✔ データベースを操作するには、PHPプログラムでSQL文を作成しデータベースに操作を要求します。
- ✔ データベースを操作する前には、データベースへ接続します。また、データベースを操作し終えたら、データベースから切断します。

練習問題

問題1. 表Aに示す商品テーブル（shohin）があり、表Bのデータが格納されています。リストAは、shohinテーブル内の全レコードを取得して表示するプログラムです。実行すると、図Aのように表示されます。リストAで、SQL文を作成する部分の空欄①と②を埋めてください。

● 表A shohinテーブル

	列名	データ型	説明
ID	id	INT	識別番号（主キー）
商品名	name	VARCHAR(100)	商品名
価格	price	INT	商品の価格[円]

● 表B shohinテーブルのデータ

id	name	price
1	速打キーボード	2680
2	すいすいマウス	1800
3	モニタ掃除キット	980

▼ リストA

```php
 1: <?php header('Content-type: text/html; charset=UTF-8'); ?>
 2: <html>
 3: <body>
 4: <?php
 5: $dsn = 'mysql:dbname=zpdb;host=localhost;charset=utf8mb4';
 6: $user = 'root';                                        // ユーザ名
 7: $password = 'XXXXXXXXXXXX';                            // パスワード
 8: try {
 9:     $dbh = new PDO($dsn, $user, $password);   // DBへ接続
10: } catch (PDOException $e) {
11:     die('Connect Error: ' . $e->getCode());
        // DB接続エラー時の処理
12: }
13: $dbh->setAttribute(PDO::ATTR_EMULATE_PREPARES, false);
    // エミュレート機能をオフ
14:
15: $sql = 'SELECT  ①  ,  ②  FROM shohin';           // SQL文作成
16: $sth = $dbh->prepare($sql);                          // SQL文準備
17: $sth->execute();                                     // SQL実行
18:
19: while($row = $sth->fetch(PDO::FETCH_ASSOC)){  // 結果取得
20:     echo htmlspecialchars($row['name'], ENT_QUOTES,
        'UTF-8');
```

```
21:        echo ', ';
22:        echo htmlspecialchars($row['price'], ENT_QUOTES,
           'UTF-8'), '円<br>', PHP_EOL;
23: }
24: $dbh = null;
25: ?>
26: </body>
27: </html>
```

```
速打キーボード, 　2680円
すいすいマウス, 　1800円
モニタ掃除キット, 　980円
```

● 図A　実行結果

索引

記号

!	149
!=	141, 158
"	69
#	64
$_POST	103
$	61
%	117
&&	145
&	107
'	69
*	115
+	115
++	121
-	115
--	121
.	124
/	115, 117
//	64
<	141
<=	141
<?php ?>	53
=	62
==	141
===	141
>	141
>=	141
__LINE__	79
||	145

A

action属性	99
and	145
Apacheの開始／停止	29
array_fill関数	93
array関数	89
AUTO_INCREMENT	213

B

bindParamメソッド（PDOStatementクラス）	218
bindValueメソッド（PDOStatementクラス）	218
boolean	66
 タグ	56
break文	152, 177

C

constキーワード	75
continue文	175
count関数	92
CURDATE()	217

D

DATE型	208
default	152
define関数	75
DELETE文	232
do〜while文	165

E

echo	51, 56
elseif文	137
elseブロック	135
executeメソッド（PDOStatementクラス）	218

F

FALSE	66, 132
fetchメソッド（PDOStatementクラス）	225
<form>タグ	98
foreach文	171
for文	168
function	186

G・H

GETメソッド	102
header命令	51
htmlspecialchars関数	106
HTML特殊記号	106
HTML	44

I・L

if〜elseif文	137
if〜else文	135
if文	133
in_array関数	199
INSERT文	216
INT型	208

INDEX 索引

<input>タグ	100
isset関数	220
localhost	34

M・N

maxlength属性	100
method属性	99
mt_rand関数	198
MySQL	202
MySQLの開始／停止	31
name属性	100
NULL	67

O・P

<option>タグ	99
or	146
PDO	214
PDO::PARAM_INT	218
PDO::PARAM_STR	218
PDO::FETCH_ASSOC	225
PDOStatementクラス	218
PHP_EOL	56
phpMyAdmin	208
PHPマニュアルのURL	192
POSTメソッド	102
prepareメソッド（PDOクラス）	218
print命令	56

R・S

resetボタン	102
return	187
<select>タグ	99
selected 属性	99
SELECT文	224
size属性	100
sort関数	199
SQL	204
SQL文の実行	214, 218
SQL文の準備	217
string	66
submitボタン	101
switch文	151

T・U

TRUE	66, 132
try～catch構文	215
type属性	100

URL	40
UTF-8	37

V・W・X

value属性	99
VARCHAR型	208
Webアプリケーション	14
Webクライアント	18
Webサーバ	18
Webサーバの起動／停止	29
WHERE句	228
while文	162
XAMPP	22
XAMPP Control Panel	29

あ行

値	65
インクリメント	121
エスケープシーケンス	69
エスケープ処理	105
エミュレート機能	223
演算子	114
演算子の優先順位	117

か行

改行コード	38
カウンタ	163
掛け算	115
型変換	68
カラム	202
関数	184
偽	132, 143
キャスト	68
繰り返し	160
クロスサイトスクリプティング	106
計算	114
コメント	54

さ行

算術演算子	115
主キー	203
条件判定	142
条件分岐	132
真	132
真偽	132
シングルクォーテーション	69
スーパーグローバル変数	78

スカラー型	66
制御構文	130
整数型	66
セキュリティ対策	106
添え字	84
属性名／属性値	99

た行

代入	61
代入演算子	62, 124
足し算	115
ダブルクォーテーション	69
定数	74
テーブル	202
テーブルの作成	211
データ	60
データベース	202
データベースの作成	208
データベースへの接続と切断	214
データ型	65
デクリメント	121
ドキュメントルート	34

な行

内部関数	185
並び替え	199
ヌル型	67

は行

配列	84
配列の要素数	92
バインド	217
ヒアドキュメント	72
引き算	115
引数	187
フォーム	96
複合演算子	124
浮動小数点型	66
プライマリキー	203
プリペアドステートメント	217
プレースホルダ	217
フローチャート	130
変数	60
変数の展開	71
変数への代入	61

ま行

マジック定数	79
文字列演算子	124
文字列型	66
戻り値	186
文字エンコーディング	37, 215
文字列	69
文字列の連結	124

や行

ユーザ定義関数	185
要素	84
要素数	171

ら・わ行

乱数	196
リレーショナルデータベース	202
ループ	161
例外処理	215
レコード	202
列	202
列名	208
連想配列	85, 103, 173, 225
ローカルホスト	34
論理型	66, 132
割り算	115, 117
割り算の余り	117

■**著者紹介**

星野 香保子（ほしの かほこ）

埼玉県出身の女性プログラマ。主にリアルタイム組込みシステム、デスクトップアプリケーション、デバイスドライバ、Webアプリケーションの設計／開発に従事。主な著書に「プロになるためのPHPプログラミング入門」（技術評論社）、「組込みソフトウェア開発入門」（共著、技術評論社）がある。

デザイン・装丁	●吉村明子
レイアウト	●技術評論社　制作業務部
編集	●原田崇靖

■**サポートホームページ**

本書の内容について、弊社ホームページでサポート情報を公開しています。
http://book.gihyo.jp/

改訂新版（かいていしんぱん）
ゼロからわかるPHP（ピーエイチピー）超入門（ちょうにゅうもん）

2016年5月15日　初版　第1刷発行

著　者	星野　香保子（ほしの　かほこ）	
発行者	片岡　巌	
発行所	株式会社技術評論社	
	東京都新宿区市谷左内町21-13	
	電話　03-3513-6150　販売促進部	
	03-3513-6177　雑誌編集部	
製本／印刷	株式会社加藤文明社	

定価はカバーに印刷してあります

本書の一部または全部を著作権法の定める範囲を超えて、無断で複写、転載、テープ化、ファイル化することを禁止します。

©2016　星野香保子

造本には細心の注意を払っておりますが、万一、乱丁（ページの乱れ）や落丁（ページの抜け）がございましたら、小社販売促進部までお送りください。送料小社負担にてお取り替えいたします。

ISBN978-4-7741-7891-2　C3055
Printed in Japan

■**お問い合わせについて**

ご質問は本書の記載内容に関するものに限定させていただきます。本書の内容と関係のない事項、個別のケースへの対応、プログラムの改造や改良などに関するご質問には一切お答えできません。なお、電話でのご質問は受け付けておりませんので、FAX・書面・弊社Webサイトの質問用フォームのいずれかをご利用ください。ご質問の際には書名・該当ページ・返信先・ご質問内容を明記していただくようお願いします。
ご質問にはできる限り迅速に回答するよう努力しておりますが、内容によっては回答までに日数を要する場合があります。回答の期日や時間を指定しても、ご希望に沿えるとは限りませんので、あらかじめご了承ください。

●**問い合わせ先**

〒162-0846　東京都新宿区市谷左内町21-13
株式会社技術評論社
「改訂新版　ゼロからわかるPHP超入門」質問係
FAX番号　03-3513-6173

なお、ご質問の際に記載いただいた個人情報は、ご質問の返答以外の目的には使用いたしません。また、返答後は速やかに破棄させていただきます。